公民水素养基准的探索性研究

王延荣　李国隆　王红育　等◎著

EXPLORATORY RESEARCH ON CITIZENS' WATER LITERACY STANDARDS

经济管理出版社
ECONOMY & MANAGEMENT PUBLISHING HOUSE

图书在版编目（CIP）数据

公民水素养基准的探索性研究/王延荣等著．—北京：经济管理出版社，2021.5
ISBN 978-7-5096-8011-7

Ⅰ. ①公…　Ⅱ. ①王…　Ⅲ. ①水资源保护—公民教育—研究—中国　Ⅳ. ①TV213.4

中国版本图书馆 CIP 数据核字（2021）第 099820 号

组稿编辑：丁慧敏
责任编辑：丁慧敏　吴　倩
责任印制：黄章平
责任校对：王淑卿

出版发行：经济管理出版社
（北京市海淀区北蜂窝 8 号中雅大厦 A 座 11 层　100038）
网　　址：www. E-mp. com. cn
电　　话：（010）51915602
印　　刷：北京虎彩文化传播有限公司
经　　销：新华书店
开　　本：720mm×1000mm/16
印　　张：13.5
字　　数：227 千字
版　　次：2021 年 6 月第 1 版　　2021 年 6 月第 1 次印刷
书　　号：ISBN 978-7-5096-8011-7
定　　价：68.00 元

序 言

当前，我国水旱灾害频发的老问题依然存在，而水资源短缺、水生态损害、水环境污染等新问题更加突出。党的十九大以来，以习近平同志为核心的党中央在统筹推进“五位一体”总体布局和协调推进“四个全面”战略布局中，把生态文明建设作为重要内容，开展了一系列根本性、开创性、长远性的工作，提出了一系列新理念、新思想和新战略，尤其是习近平同志关于治水的重要论述，准确把握了当前新老问题相互交织的严峻形势，系统提出了“节水优先、空间均衡、系统治理、两手发力”的治水方针，科学揭示了治水和生态文明建设的内在规律，实现了“从改变自然、征服自然转向调整人的行为、纠正人的错误行为”的治水思路的重大转变。为我国强化水治理、保障水安全指明了方向，为做好新时代治水工作提供了科学指南和根本遵循。

2019 年 9 月，习近平总书记在郑州主持召开黄河流域生态保护和高质量发展座谈会，提出要坚持山水林田湖草综合治理、系统治理、源头治理，统筹推进各项工作，加强协同配合，着力加强生态保护治理，保障黄河长治久安，推进水资源节约、集约利用，推动全流域高质量发展，保护、传承、弘扬黄河文化。其中，水资源是生态保护治理的核心变量，是保障国家安全和经济社会高质量发展的重要制约因素，也是黄河流域生态保护和高质量发展战略实施的资源支撑。从系统理论来看，解决水资源对于经济社会发展的约束问题，已经不能再把水危害视为“自然”问题，而是应该基于人水和谐视角，停止对自然的无度索取，更多地检视和改变人们的行为甚至纠正人们的错误行为。应该说，当前这些水问题的根源是水资源时空分布不均等自然因素和人们对水资源过度开发和使用、水利监管薄弱、最严格水资源管理制度未真正落实等人为因素相互叠加的结果。因此，新时代治水要改变人们原有的生活模式和行为系统，纠正错误的生活习惯和行为习惯，否则终究只是“治标不治本”，即要努力提升人们的水素养水平。

2015年以来，在水利部发展研究中心和水利部宣传教育中心的大力支持下，华北水利水电大学公民水素养研究中心致力于公民水素养基础理论和应用研究，先后承担了水利部委托的多项科研课题研究，开展了公民水素养基础理论与评价方法、公民水素养试点评价、居民节水行为等方面的研究工作，也先后出版了学术著作，并在国内外重要学术期刊上发表了系列学术论文。本书就是在前期多项课题研究的基础上，对2019年水利部宣传教育中心委托课题研究成果适当拓展形成的。

本书主要是结合新时代治水背景，根据新时代治水矛盾变化、思路调整以及新的要求，在探究公民水素养历史渊源和国内外关于公民水素养基准研究借鉴的基础上，对公民水素养基准进行定位，提出公民水素养基准制定原则，使用混合研究方法对公民水素养基准进行研究。首先，通过定性研究中的扎根理论方法对公民水素养基准框架及具体基准点进行探索，借助质性研究软件Nvivo12. 0对原始资料进行编码，通过开放性编码、主轴性编码和选择性编码三个步骤得到定性研究结果；其次，在定性研究结果的基础上，再通过定量研究中的因子分析方法对公民水素养基准制定进行探索，构建旋转模型，确定指标体系，得到定量研究结果；最后，根据基于定性和定量研究所确定的研究结果，分析两种研究方法在制定过程中存在的问题，参考专家学者意见，对公民水素养基准进行优化整合，形成了包括4个维度、11个领域、22条基准和100个基准点的公民水素养基准。并基于此，对公民水素养基准进行释义。

本书由王延荣、李国隆、王红育负责总体构思并通撰，张宾宾、田康、王寒、刘晓晨、梁婧茹、付豪等参加了课题研究和各章节的撰写工作。在课题研究过程中，先后得到了水利部杨得瑞、陈茂山、王海、王乃岳、王卫国等领导和专家的大力支持，在此表示衷心的感谢！同时，本书也得到了中国科普研究所任磊、水利部宣传教育中心刘登伟等专家的大力协助，赵毅同志提供了第二章第一节的部分基础书稿，在此一并表示感谢！

公民水素养基准的研究是一个全新的研究领域，目前，除了公民科学素质基准和健康素养基准外，该领域国内外还没有值得借鉴的成熟研究范本，给我们的研究带来了极大的挑战，本书呈现给大家的仅是一种学术探索和尝试，并没有广泛征求专家、领导和社会公众的意见和建议，由于我们的专业、能力和时间所限，书中肯定存在许多不足与疏漏之处，抛砖引玉，敬请各位专家、领导和读者批评指正！

作者

2020 年 9 月 10 日

目 录

第一章　导论

第一节　研究问题的提出

推进水资源节约集约利用是水资源高效利用和生态文明建设的重要任务，而水资源节约集约利用的主体是人，人的生产生活行为直接影响着水资源利用效益和效率。因此，提升公民水素养水平正逐步成为各级政府和社会各界的基本共识，制定公民水素养基准，为实施公民水素养行动提供基本规范，也是理论研究和实际工作的迫切要求。

一、研究背景

（一）治水形势变化的现实需要

古往今来，兴利除害一直是我国历代政府治水的主旋律。其核心基本上就是通过构建完善的工程体系兴水之利、除水之害，更有效地提高水利生产力问题。应该说，经过多年大规模投入和高强度开发建设，我国水利工程体系已经基本形成，生产力得到了极大提高。但是，也应该看到，我国的水问题仍很严重，主要表现在老问题仍有待解决，新问题越来越突出、越来越紧迫。其中，老问题是由地理气候环境决定的水时空分布不均以及由此带来的水灾害，新问题是水资源短缺、水生态损害、水环境污染；尤其是，在近年经济社会快速发展、城镇化水平持续攀升、全球气候变化影响加剧等多重变化条件下，水灾害频发、水资源短缺、水生态损害、水环境污染等新老水问题相互交织、更加突显，越来越呈现出常态化、显性化特点，且涉及面越来越广，治理难度越来越大，对人民群众获得感、幸福感、安全感的影响越来越大。解决不好水资源短缺、水生态损害、水环境污染等群众反映强烈的突出民生问题，将直接影响统筹推进“五位一体”总体布局、“四个全面”战略布局，影响我国社会主义现代化进程。因此，新的三大水问题已经超越水灾害老问题，上升为我国治水矛盾的主要方面，成为治水实践要解决的首要问题。

人们在社会生产生活中无论是对水资源的过度开发、无序利用、低效利用还是对水污染物的肆意排放，乃至由此导致的江河干涸、湿地萎缩、水质超标和水体黑臭等生态恶化现象，都是人们生产生活中的错误行为所导致的。因此，面临新老水问题交织的治水形势和任务，我们也必须调整人和自然的关系，从过去的着重提高生产力转向调整和改变与生产力不相适应的生产关系，即在治水思路上从改变自然、征服自然转向调整人的行为、纠正人的错误行为。

（二）治水矛盾转化的内在要求

新老水问题相互交织并且更加凸显，是我国治水主要矛盾转化的时代背景。在中华人民共和国成立之前相当长的时间里，我国面临的主要水威胁是洪旱灾害，治水的主要矛盾是人民群众对除水害兴水利的需求与水利工程能力不足之间的矛盾。经过 70 多年的建设发展，国家通过大规模工程建设使水利设施网络逐步健全，水旱灾害防御体系日渐成熟，防洪、供水保障能力大幅提升，基本解除了洪旱灾害对人们生产生活的威胁，为经济社会持续健康发展提供了强有力的支撑。同时，我国治水出现了一些新情况和新特点。人们对水资源、水生态、水环境的需求产生变化，一方面，人们对干净水、安全水、放心水的渴望日趋强烈。另一方面，水资源短缺、水生态损害、水环境污染越来越成为人民群众对美好生活向往的重要制约。这标志着我国治水实践的形势和任务发生重大变化，而与此相适应的治水矛盾也已经发生深刻变化，即我国治水的主要矛盾已经从人民群众对除水害兴水利的需求与水利工程能力不足之间的矛盾，转化为人民群众对水资源、水生态、水环境的需求与水利行业监管能力不足之间的矛盾。从治水主要矛盾的内部关系看，水利行业监管能力不足已经成为满足人民群众对水资源、水生态、水环境需求的主要制约，在矛盾中居于主导地位；从治水矛盾产生的因果机制看，水利行业监管能力不足是造成现阶段其他各种水问题的重要原因。

治水主要矛盾转化是经济社会发展需求变化和治水规律性的客观反映。随着治水主要矛盾的转化，治水工作重心要从处理人与自然的关系转向调整人与人的关系。具体讲，就是要彻底扭转长期以来形成的以工程建设为中心的治水思路，摒弃工程思维，更多依靠法制、体制、机制，调整人们的行为、纠正人们的错误行为，提高水利行业监管能力，科学管理水资源。

（三）治水思路调整的必然选择

水是生命之源、生产之要、生态之基，治水是生态文明建设的重要组成。2014 年，习近平总书记在关于保障水安全的讲话中明确指出："建设生态文明，首先要从改变自然、征服自然转向调整人的行为、纠正人的错误行为。要做到人与自然和谐，天人合一，不要试图征服老天爷。"所谓调整人的行为，就是指通过法律、政策、道德和社会规范等方式对特定主体施加影响，使其按照一定的方向和目标做出社会行为的过程。纠正人的错误行为，就是指在调整人的行为基础上，进一步对已经发生的错误行为进行纠正，并对可能发生的错误行为进行预防。这里，人的行为既包括生产行为，也包括生活行为，还包括管理行为。生产是指人们创造物质财富的过程，在这一过程中，人们会运用整个人类在改造自然和利用自然的过程中积累起来的各种经验、知识和操作技巧来改造自然物质。人的生产行为是指人们改造自然物质并创造物质财富的行为。人的生活行为是指人们在生活中表现出来的生活态度及具体的生活方式，它是在一定的物质条件下，不同的个人或群体，在社会文化制度、个人价值观念的影响下，在生活中表现出来的基本特征，或对内外环境因素刺激所做出的能动反应。人的管理行为是指人们对组织所拥有的人力、物力、财力、信息等资源进行有效的决策、计划、组织、领导、控制的行为。

在治水过程中，要对过去长期形成的一些生产、生活和管理行为进行调整，并且对于错误的生产、生活和管理行为要予以纠正。按照行为背后的决定因素，调整人的行为主要有四种方式：对行为背后的目的施加影响；对行为背后的价值施加影响；对行为背后的情绪施加影响；对行为背后的传统习惯施加影响。需要注意的是，调整人的行为虽然有各种各样的方式方法和手段，但是，在现代法治社会中，调整人的行为的手段主要有四种：一是法律规制，即通过制定或修订法律法规，明确规定什么是合法的行为，什么是违法的行为，并通过严格执法对人的行为进行调整；二是政策引导，即通过制定和执行特定的政策，对人的行为进行引导和调整；三是文化塑造，即通过塑造主流的精神文化和开展多种形式的宣传教育等方式，对良好的行为加以倡导，对不良的行为加以鞭挞；四是行为规范，它是社会群体或个人在现实生活中根据人们的需求、好恶、价值判断而逐步形成和确立的，应该遵循的规则、准则的总称，是社会认可和人们普遍接受的具有一般约束力的行为标准。由于行为规范是建立在维护社会秩序理念基础之上的，因此对全体成员具有引导、规范和约束的作用，而制定公民水素养基准就是这一思想的集中体现和反映。

（四）治水方针落实的重要举措

2014 年，习近平总书记提出“节水优先、空间均衡、系统治理、两手发力”的治水方针，为我国治水事业发展指明了方向。由于我国治水主要矛盾转化，治水目标和客体均发生重大转变，相应的治水方式也发生重大变化。要从观念、意识、措施等各方面把节水放在优先位置，加快推进由粗放用水方式向集约用水方式的根本性转变，大力宣传节水和洁水观念，营造亲水、惜水、节水的良好氛围，使爱护水、节约水成为全社会的良好风尚和自觉行动。同时，水问题的复杂性以及涉水事务日益增多且越来越繁杂，要统筹兼顾、整体施策、多措并举、两手发力，坚持政府主导和社会协同，全方位、全地域、全过程开展治水工作。当前，落实“16 字治水方针”的关键环节是节水，节水不仅事关经济社会发展，而且事关人们生产生活，不仅是一种生产方式和行为模式，也是一种价值理念和生活准则。节水的主体是人，其中人对节水的态度，特别是形成的节约型消费模式和生活习惯，对于节约集约用水具有重要影响。

二、研究意义

目前，我国水旱灾害频发的老问题依然存在，而水资源短缺、水生态损害、水环境污染等新问题更加突出。我国治水矛盾、治水方针和治水思路适应新时代治水形势发生重大调整。2019 年 9 月，习近平总书记在郑州主持召开的黄河流域生态保护和高质量发展座谈会上，将水资源节约集约利用作为战略实施的主要举措。可见，水问题已经成为保障国家安全和经济社会高质量发展的重要制约因素。系统解决新老水问题，一个极其重要的基础性工作就是努力提升全民水素养水平。因此，适时制定我国公民水素养基准具有特别重要的意义。

通过公民水素养基准制定，进一步夯实公民水素养基础理论，为公民水素养水平的测度与评价提供一个研究“标准”，形成有效的公民水素养干预模式和机制。借鉴科学素质基准的制定，公民水素养基准的制定同样可为后期我国实施公民水素养水平普查提供理论支撑，同时为环境素养等其他素养基准的制定提供了研究思路，也为其他与水相关的研究提供了一定的研究思路。因此，公民水素养基准的制定，是新时代治水规律的内在要求，是人水和谐发展的重要标志，为水素养行动提供了基本规范。这不仅为完善水素养的研究提供了条件，为我国素养普查提供了实践价值，对推进全民水素养提升也具有重大意义。同时，也可以为水利部以及各级政府部门提供“强监管”的具体手段，为实施公民水素养行动计划提供理论依据和决策参考。

第二节　基础理论与研究评述

一、相关概念和基础理论

（一）相关概念

水素养是指人们在生产生活中逐步研习、积累而形成的关于水的一种综合素质，是必要的水知识、科学的水态度与规范的水行为的总和（王延荣，2017）。其中，水知识是水素养形成的基础，指的是个体所掌握的与水相关的知识，是水素养中最基础且至关重要的一个构成部分；水态度是个体对待及处理水相关问题时所持有的态度，是个体掌握水知识的体现；水行为是个体处理水相关事宜及问题时的外在行为，包括节约用水的行为和爱护水的相关行为习惯及外在表现，是水素养最直观的体现，也是水素养最关键的构成部分。

水素养受社会环境和后天教育的双重影响，是知识内化形成的相对稳定的个人品质，是知识积淀、内化的最终结果，并可通过人的言行体现出来。水素养有以下四个特征：

（1）水素养具有可习得性。公民的水素养受社会环境、后天教育、自身实践等的影响。例如缺水地区的人们会自觉节约用水，河道地区的人们会自主学习洪水灾害避险知识。因此，公民水素养可以通过相关知识的宣传和教育得到造就、培养和提高。

（2）水素养具有发展性。公民的水素养是水知识的内化结果，可以通过后天教育、环境影响尤其是公民自身的努力而发生改变。例如经历过洪水的公民会更加愿意参加避险知识技能的培训。因此，公民的水素养不是一成不变的，它是从不稳定到逐步稳定、从量变到质变、从较低水平到较高水平经过若干层次变化的发展过程。

（3）水素养是内隐性与外显性的统一。水素养是公民在参与各种水环境活动中逐渐显现出来的个人品质，水知识在平时生活中很难体现，具有内隐性。同时，水素养普遍、深刻、持续地影响或决定着人的行为表现，也只有通过水行为，水素养才能体现出来，即水素养也具有外显性，是可以被测评的。因此，水素养是内隐性与外显性的统一。

（4）水素养是共性与个性的统一。公民的节水观念受到社会主流意识形态的影响，因而公民水素养具有一定的共性。但由于每个人受到的后天教育不同，他们的水素养水平、特点也不一样，例如从事水治理的工作人员会有更强的保护水资源的意识，即对于每个独特的个体而言，公民水素养也具有一定的个性，因此，水素养也是共性与个性的统一。

（二）基础理论

1. 知情意行理论

所谓知情意行理论，“知”是指一个人对待事物和事件的认知及观念，包括个体的意识、思维及知觉感觉；“情”是指个体的情感和情绪，包括主观情感和客观情感；“意”是指个体处理事情的意愿和意志；“行”则是指个体的行为表现。知情意行理论贯穿本书，公民水素养基准在制定过程中应借鉴知情意行理论的范式分类，所制定的水素养基准内容也应涵盖该理论的各个方面。

水知识在水素养提升过程中处于基础性的地位，是公民正确理解人与自然、了解水环境，为美丽中国、生态文明承担责任与使命的基础。水知识不仅局限于提供给公民个体以客观知识，更重要的是要传播一种价值知识，这种价值知识更多的是对水环境、对大自然、对生态的一种价值判断和心灵敬畏，进而上升到道德领域，形成水环境伦理观念，养成生态人格的标准。公民对水知识以及水伦理规范的理解构成了公民对水相关行为是否合乎保护水资源规范的判断标准。因此，公民的水知识以及水伦理认知指导着公民的水行为，在水素养养成和提升中占据着基础性地位。

水情感是人们在欣赏与体验优美水自然景观与环境时所产生的一种美好的情绪体验。只有热爱水，才会保护水。水情感发生于公民对水景观与水环境欣赏与体验的实践中，日常生活所处的水环境状况对水情感的激发有着重要的影响。在对水的情感中我们需要积极的情感作为支撑，只有公民先对水怀有积极的情感，才会从内心深处涌现出主动的行为去保护水资源。同时，也只有怀着积极的情感去践行某种水行为时才会产生满足感和愉悦感。对水的情感如果不是出于自愿或不具有积极性，那么也无法将这份情感进一步转化为水伦理道德，从而失去了支撑树立水意识和践行水行为的稳定动力。因此，水情感在水意识的养成和水行为的实施中占据着重要的位置。没有情感的稳定支撑，意识和行为也无法长久。

水意志是指人们在坚持环保行为时所表现出来的一种稳定的心理状态。水问题由来已久，加之社会功利性取向的不利影响，人们在面临水资源保护与利用的抉择时很难做出抛弃利益而选择保护水的行为，只有在内心树立了坚定的水意志，方能克服困难，在实践中坚定地践行水行为。从作用方面来说，一方面，坚定的水意志可以帮助人们排除外界对心理的干扰，保证行为朝着对水资源保护有利的方向前进；另一方面，坚定的水意志可以帮助公民抵制各种诱惑，在利益面前控制住自己的欲望，避免损害水的行为产生。水行为的诱惑和困难一方面来自外界社会的干扰，如不好的社会风气、他人的消极影响等；另一方面主要来自公民自身，如自身没有毅力容易动摇等。一旦具备了坚定的水意志，公民能克服和抵制影响水环境保护行为付诸实践的各类困难和诱惑，从而养成节水爱水护水的良好行为习惯。坚定的水意志在水素养的养成中发挥着重要的保障作用。

水行为是指公民在一定的外在节水爱水护水要求和规范下，在日常行为中践行水资源保护的行为表现。水行为首先是在自知性的前提下做出的选择，即水行为主体知道节水爱水护水行为的规则、意义、原因以及如何行动。其次水行为具有自主性，即是自己自由选择的结果，因为目前对于公民的很多行为还没有做出法律方面的硬性规定。但个人的生活方式、价值观念、道德品质等会在做出水行为选择时产生巨大的影响。水行为的践行不仅需要有对水持有正确的价值观念，同时还需要稳定的水情感和坚定的水意志作为支撑。公民水行为是社会对改善生态的要求以及生态伦理转化为公民自身行为的过程，公民水行为最终将通过个人行为表现出来。因此，公民的水行为是生态伦理、水意志的外在显现，同时也是水知识、水情感、水意志共同作用的结果。

2. 计划行为理论

计划行为理论（Planned Behavior Theory）提出，行为意向（Behavioral Intention）是预测和解释个体行为的最好方式。该理论假设：①人是理性行动的，并通过系统地利用可获得信息来决定是否采取行动；②人们的行动是由有意识的动机引导的，而非无意识的自发行动；③人们在决定是否采取行动之前，会考虑他们行动的意义。

基于这些假设，该理论最初被称为理性行动理论（Theory of Reasoned Action），根据该理论，行为意向是决定行为的直接因素，它受行为态度和主观规范的影响。态度指个体对某行为喜爱或者不喜爱的评价。主观规范（Subjective Norms）是指个体在决策是否执行某特定行为时感知到的社会压力。行为意向是指影响个体行为的动机因素，表明个体意愿尝试某种行为，并为之付出努力的程度。一般来说，行为意向越强，采取的行动可能性越大。理性行为理论已经获得大量研究支持，也被广泛应用于预测行为意向和相应行为的研究中。在一项元分析中，Sheppardm、Hartwick 和 Warshaw（1988）指出，该理论能有效预测行为意图和行为，并且有助于识别从哪里着手及用何种方式来识别个体行为，如图 1-1 所示。

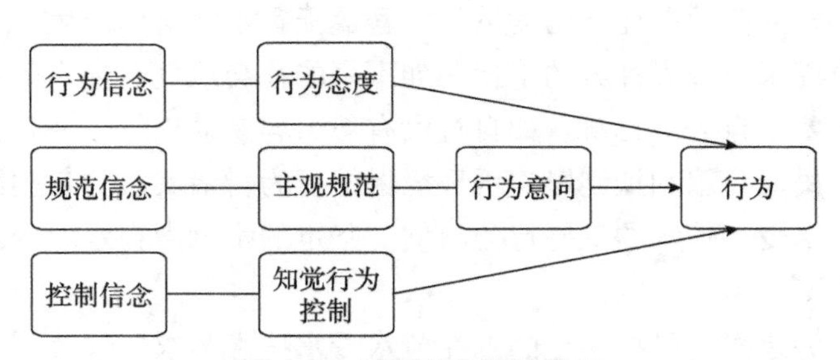

图 1-1　计划行为理论构思

后来很多学者对该理论不断深入研究，发现理性行为理论忽略了一个重要变量，即知觉行为控制（Perceived Behavioral Control，PBC）。有学者研究发现，自信程度是影响个体行为的重要因素（自信指个体对其是否有能力实施行为的感知）。在这些研究结果的基础上，将 PBC 添加到理性行为理论中，并将其重新命名为计划行为理论。根据此理论，当个体对于是否实施特定行为感知到完全控制时，行为意向可以直接预测行为结果，例如，个体可能强烈地希望实施行为，但可能没有实际实施行为的必要机会或资源（如知识、技能、能力、信息、时间、金钱、设备和他人的合作），PBC 和行为意向直接决定行为。

根据上述理论可知，行为态度和主观规范会对行为意向产生影响，从而决定行为。在本研究中，公民个体的水态度直接影响着公民个体的水行为。主观规范是指个体在决定执行某行为时所感受和认知到的社会压力。社会规范和参考人群的行为方式影响着行为主体的主观规范，公民水素养基准是公民提升水素养所需遵循的基本标准，公民水素养基准作为社会规范通过个体主观规范影响着公民的水素养水平。

3. 社会认知理论

社会认知理论（Social Cognitive Theory）的基本出发点是人类活动是由个体行为、个体认知及其他个体特征、个体所处的外部环境这三个因素交互决定的。以上三个因素之间的影响既不会同时发生，强度也不尽相同。此外，它们对彼此的影响也不会即刻显现。随着时间的推移，各因素之间的双向作用才会逐渐得以发挥。基于这一理论的出发点，人既是环境的塑造者，也是环境作用的产物。20 世纪 80 年代，Bandura（1986）提出，不仅环境会引发人们的行为后果，行为也能塑造环境，并将这一过程称为"交互决定论"。在后来的理论发展中，Bandura 进一步引入个体的心理与认知过程作为第三个要素，形成环境、行为、个体心理与认知过程共同决定人类活动的分析框架，即"三元互惠交互作用"。

根据社会认知理论，当人们置身于环境时，人们不是他们自身的旁观者，而是自身及其经历的能动者。人格能动性的核心特征包括四个方面，分别是意向性、前瞻性、自我反应与自我反思。意向性（Intentionality）指的是人们对未来行为的主动承诺；前瞻性指的是人们以未来时间视角预期他们前瞻行为的可能后果；自我反应（Self-reactiveness）意为人们审慎地做出计划与选择，把控合理的行为过程，并在执行过程中自我激励与调控；自我反思（Self-reflectiveness）意为人们审视自身的能动性活动以及元认知能力（Metacognitive Ability）。根据社会认知理论，人们可以通过观察他人行为来间接地学习。观察学习由注意、留存、复现和动机四个过程组成。注意过程包括选取行为来观察，准确认知该行为并从中提炼信息。留存过程包括记忆、存储和自我演练所习得的行为。复现过程包括实施新习得的行为，并获取该行为成功或失败的反馈。动机过程包括各种针对新习得行为的正向激励，例如过去的强化、预期的强化、外部激励、替代激励和自我激励。动机过程中也会存在一些抑制新习得行为的负向动机因素，例如过去的惩罚、威胁、预期的惩罚和替代惩罚。正向强化往往比负向强化的效应更强，并且还可能抵消负向强化的作用。社会认知理论强调人们自我引导与自我激励的能力。人们是倾向于自我引导的，这体现在他们采用内部的绩效标准，监控自己的行为（自我观察），并设置奖励（自我反应）以激励自己持续努力，达成目标。通过自我评估，人们保持其行为与评价标准的一致；通过自我奖励，人们给予自己正向强化（褒奖、荣耀、款待）与负向强化（耻辱、羞愧、尴尬）。那些实施了期望的行为并且自我奖励的人往往比只实施行为而不自我奖励的人表现更好。而过度的自我惩罚也会导致过度补偿，消沉（淡漠、烦闷、抑郁）以及逃避（滥用烟、酒、药物等，对科技虚拟物的强迫性幻想，甚至自杀）。社会认知理论考察人们如何掌握自己的人生，并且认为人们可以在自我发展、自我适应和自我更新的过程中扮演一个积极的变革能动者。社会认知理论区分了三种能动性（Agency）：直接人格能动性、代理能动性和集体能动性。直接人格能动性（Direct Personal Agency）意味着人们掌控与实现其愿望，妥善应对人生的高峰和低谷；代理能动性（Proxy Agency）意味着人们借用他人的资源、权利、影响力与专业技能，以促进自己的行为；集体能动性（Collective Agency）意味着与他人同心协力以达成目标。

基于以上理论，在本书中，影响公民水相关活动的因素包括个体本身的水行为、个体对水的认知即水知识和水态度及个体本身的特征，而个体所处的外部环境即为社会环境因素，公民水素养基准的制定目的及意义就是为公民规范自身水相关活动提供基本标准，为规范公民水相关活动提供良好的社会规范。

二、国内外研究现状

（一）素养相关概念及其测评研究

素养（Literacy）是指一个人的修养，是由训练和实践获得的一种道德修养，包括一个人的道德品质、知识水平以及个人能力等方面。出自《汉书·李寻传》中“马不伏枥，不可以趋道；士不素养，不可以重国”。联合国教科文组织（UNESCO）将素养（Literacy）定义为一种能够识别、理解、解释、创造、交流、计算并使用和各种情境相关的文字材料的能力。可见，素养是以个体的先天遗传为基础，并通过后天的学习演进所形成并体现出来的综合素质，如科学素养、环境素养、道德素养、音乐素养、水素养等。素养既是社会发展的普遍需要，也是个体生存和成长的关键需求，随着社会的发展，世界各国均对各类素养深入关注并加大了研究力度。国外针对各种素养的研究已有较长历史，我国对素养评测的关注也与日俱增，成果颇丰。国内外对各类素养的研究主要集中在内涵界定、科学属性以及评价等方面。经过多年的研究，素养的内涵和外延得到不断丰富拓展，目前已形成初步倾向性共识，取得了令人瞩目的研究成果。但仍然存在问题，诸如既往的研究成果还仅限于微观研究，对于原创性与基础性理论研究略显不足，对相关素养现实问题和发展问题的研究还不够充分等，这些已引起了国内外学者的关注，并逐渐成为了社会各界关注的新热点。

科学素养（Scientific Literacy）最先由美国教育学家 Conant J.（1952）提出，学者 Laugksch R. C.（2000）对科学素养的概念进行了研究探讨，对 1999 年之前已出版的关于科学素养概念的英文文献进行了回顾，然后将科学素养放在历史背景下，讨论了影响科学素养概念解释的不同因素，并且明确了这些影响因素之间的关系。学者 Miller J. D.（1983）和 Hurd P. D. H.（1998）从内涵界定、地位、作用角度出发，明确科学素养在个人素养中扮演的角色，对科学素养的重要性进行了分析。中国自 1989 年即开始进行中国公众科学素养调查，我国学者李大光（2009）对中国过去 20 年科学素养的调查研究进行了回顾，对比我国与其他国家的科学素养调查数据，指出我国公众科学素养中存在的问题，并且对我国公众科学素养的发展情况及研究方向进行了展望。也有学者对科学素养进行了实证分析，任磊（2013）等通过问卷调查的方式获取数据，利用结构方程模型（SEM）构建中国公民科学素养及其影响因素模型，通过与美国学者米勒（Miller J. D.）的研究结果进行比较，对科学素养的影响因素进行深度的探索分析。

环境素养（Environmental Literacy）最先由 Roth（1968）提出，美国学者 Roth C. E.（1992）通过对 1969~1989 年环境素养相关文献的整理，系统地阐述了环境素养的起源，并且从四个角度对环境素养的概念进行了解释说明，提出了所在年代环境素养发展过程中存在的问题，说明了 19 世纪 90 年代环境素养的发展方向。也有国外学者研究了环境教育对新入职教师环境素养的影响，Deborah O.（2018）通过一种混合方法，对新入职教师进行环境素养测评，结果显示虽然教师本身的环境素养变化不大，但在测评之后教师对环境教育的自信心却明显增加。我国也有学者对环境素养的评价体系进行研究，陈德权和娄成武（2003）构建出 3 级 4 层的环境素养评价指标体系和对应的数学评价模型，并且以某高校为例，通过问卷调查的方式获取环境素养评价数据，对该高校学生的环境素养进行了实证研究。

（二）水素养及其测评研究

自从2011年水利部发展研究中心提出“水素养”概念以来，水素养基础理论与评价研究逐渐引起社会各界的关注。2011年，时任水利部部长陈雷在中国水利学会第十次会员代表大会开幕式致辞中明确提出，要“抓好科普宣传，着力提高全民水素养”。

水素养是指人们在生产生活中逐步研习、积累而形成的关于水的一种综合素质，是必要的水知识、科学的水态度与规范的水行为的总和（王延荣等，2017）。近年来，学者对水素养相关问题进行了初步探索，主要集中在公民水素养评价的表征因素、水素养水平的影响因素（张宾宾等，2020）、水知识对水行为的影响研究（Xu等，2019）、公民水素养评价模型及方法（田康，2019）等方面。并且，国内外相关组织和学者对水素养相关的其他问题也进行了研究。

在水知识方面，部分学者以特定地区的人群为例，通过对相关水知识的调查分析，指出居民所掌握水知识仍存在不足（向红等，2014；刘海芳等，2014）；知识水平和对问题的认知程度是影响人们对水源认识的主要因素（Harnish，2017），水知识的评估对于公民用水尤为重要，但大多数现有的与水有关的知识研究都集中在美国、澳大利亚等国家或地区，最早的一项关于水知识的研究调查了1000名加州居民，研究报告称大多数受访者都不知道水资源短缺等问题，而且对描述水资源的术语能力很差（Bruvold，1972）。也有相关针对美国人的调查显示：受访的17个美国人只有不到一半的答复者非常熟悉14个与水有关的术语（如地下水），仅有28%的南卡罗来纳州受访者能够正确定义流域（集水区）（Pritchett等，2009；Giacalone，2010）。同样，一项对1000名北卡罗来纳州居民的调查显示，只有38%的受访者知道雨水会流向最近的水道，30%的人错误地认为雨水会在排放前得到处理（Baggett，2008）。James（2010）调查了澳大利亚昆士兰州东南部3709名居民的水相关知识，结果显示72%的受访者知道水道会被雨水破坏，但只有33%的受访者能正确识别出生活污水在进入下水道前经过了处理，还有1/4的受访者表示不知道他们饮用水的具体来源。Jee等（2011）以韩国首尔耶鲁女子中学的138名女生（4个班）为研究对象，通过分析水教育前后受调查者对水的认识对人体、态度、行为的影响，来评估水教育的效果。Glick等（2019）在美国进行了第二次全国范围内关于再生水使用情况的民意调查。首先，他探究了公众对水循环基本要素的理解，并确定了公共知识的重要缺口。其次，他调查了美国人最关心的关于水循环利用的因素。最后，他调查了知识、特定关注和一系列其他因素如何结合起来影响人们对再生水的态度。Dean 等（2016）和 Gill（2011）为了明确社区关于水管理的知识问题，通过对居住在澳大利亚的成年人进行大规模的、具有全国代表性的抽样调查，并测量社区居民对在废水排放、城市水循环和水管理等方面的影响进行了知识评估。同时部分研究证明，通过教育干预提高水知识来积极影响行为可能会有效改善儿童的饮料消费习惯（Muckelbauer 等，2016；Irwin 等，2019）。Mills（1983）对高中毕业生进行了调查，评估了他们的水知识水平；王金玉和李盛（2009）的研究提出，对水源地周边的居民进行相关培训，可以减少水事故的发生，同时也能够保护饮用水的安全；在水知识的宣传方面，邓月桂（2005）提出利用农村学生，宣传护水常识，落实日常护水措施，说明了护水活动的前期工作以及具体做法，分析了护水活动的收益；罗增良等（2014）对水知识宣传途径与方法进行了研究，并分析了水知识梯级宣传网络在实际运用中的优势。

在水态度方面，学者郝泽嘉等（2010）通过水资源态度、敏感度和责任感三个方面对节水意识进行测评；Lawrence（2008）通过调查问卷的方式考察了特定人群的水态度；也有很多学者对水伦理进行探索研究，田海平（2012）认为，从精神、社会和自然三方面可以将水伦理区分为三种不同的形态，并对这三种水伦理的形态进行区分；而曹顺仙（2014）则从水伦理的内涵出发，结合各个时间段水伦理的内容和特性，将水伦理分成了三大理论形态，即水德论、中心论以及和谐论；当然，也有学者对西方国家水伦理进行研究，王清义（2016）对中西当代水伦理进行了比较，并且从三个方面说明了对我国水资源管理的启示；也有学者以节水型社会为背景，提出水伦理的理念和原则（余达淮等，2005），并对节水型社会背景下的水伦理体系建构进行探索研究（沈蓓绯和纪玲妹，2010）。通过对水资源态度与节水行为关系的研究，明确了水资源态度显著影响节水行为（徐小燕，2011）。王建明等（2016）验证了价值认知，积极情绪和消极情绪对公民节水效果的显著影响，结果表明积极情绪影响最大。原宁等（2015）将节水态度定义为“节水观点”和“结果期望”。通过调查研究，运用探索性因子分析（EFA）、验证性因子分析（CFA）和层次回归方法验证了节水态度对节水行为的积极影响。段雪梅等（2013）利用问卷调研与频数分析发现，用水来源为井水的农村居民用水量明显高于用自来水的农村居民，农村居民的环保意识与节水意识普遍不足，且呈现依赖政府型的环保与节水意识。谷伟豪（2017）与赵太飞等（2016）认为研究农村居民用水行为可以提高当前农村居民的节水意识并改善水资源管理薄弱现状。陈岩等（2018）利用结构方程模型、独立样本 t 检验和单因素方差分析，发现内部认知、水资源风险感知、个人基本特征、工作地区、群体压力和个体实施成本对节水意识有显著影响。金玮佳（2015）利用 Probit 回归模型发现主要节水生活习惯受节水意识影响。

在水行为方面，有学者对个人能否具有正确良好的用水行为进行了研究，其中包括使用水的频率、时长和方式，以及出现水浪费时对浪费者的劝说行为等（Mills T.，1983；William A. 等，2007；Randolph B. 等，2008；Corral-Verdugo V. 等，2003）。也有很多学者对节水行为展开了研究，从节水行为方式上来看，一类是以减少自我用水量为目的的节水行为，如减少用水时长、一水多用、使用节水器具、及时修理漏水设备等行为（Straus 等，2016；赵卫华，2015；穆泉等，2014；岳婷等，2013）；另一类是与节水有关的人际互动行为，如向他人学习节水技能、劝说他人节水等行为（Dean 等，2016；芈凌云等，2016；原宁等，2015；郝泽嘉等，2010）。Aisa R. 和 Larramona G.（2012）以西班牙为例，对节水行为进行分类，并对节水行为的影响因素进行研究分析；许多学者对节水行为的影响因素进行了探索，从经济因素的角度出发，学者们多考虑水价、收入水平、政府补贴等经济因素对节水行为的影响，特别是阶梯水价对居民节水行为效果的影响（薛彩霞等，2018；廖显春等，2016）。水资源的商品属性决定了水价能够影响居民水消耗，但单一水价的影响有限（郑新业等，2012），而马训舟和张世秋（2015）研究发现，收入水平较低人群的行为决策并不受水价变化的影响，认为仅通过阶梯水价调整居民用水行为，效果较为有限。随着研究的深入，学者们逐渐认识到单纯依靠经济手段促使居民节水的效果并不显著，需要综合考虑经济与非经济因素。伴随行为理论、心理学科的发展，居民节水行为的非经济影响因素研究也由居民个人特征向个体心理特征继而向外在情境因素逐渐扩展。①不同学者在对节水行为进行研究时，所选择的居民个人特征指标略有差异，但一般包含性别、年龄、受教育年限、职业、居住区域等关键指标（Tong 等，2017；Darbandsari 等，2017；金巍等，2018；杨晓荣和梁勇，2007）。②相较之，个体心理特征的研究成果更为多元，节水知识与技能（陈阳等，2017）、节水态度（陆益龙，2015；姜海珊等，2015；Martinsson 等，2011）、情感（王建明等，2015；Kanchanapibul 等，2014；Tapia-fonllem 等，2013）、价值观（王建明等，2016；劳可夫等，2015；常跟应等，

2012；王国猛等，2010）等均对居民节水行为存在显著影响。③Guagnano 等（1995）认为行为是个体态度和外部情境二者相互作用的结果。既有研究中情境因素主要包括城镇化水平（王新娜，2015；张胜武，2012）、房屋特征（姜海珊等，2015；穆泉等，2014）、节水技术（杨晓英等，2013；褚俊英等，2007）、主观规范（王建明等，2016；吴曼妮等，2016）等。

同时，水教育的普及和水知识的传播，直接影响公民的水素养水平。较多学者对水教育进行了研究，唐小为（2010）对美国水教育进行了探索研究，比较了美国的水教育项目，并指出了水教育中存在的问题；楚行军（2015）以“全球水供给课程”教育项目为例，探讨了美国中小学水教育对我国水文化教育的启发，提出了我国在今后的中小学水文化教育中应该注意到三个问题，分别是教育政策、教育内容和教育形式；在水情教育方面，赵黎霞等（2017）对水情教育工作进行了探讨，说明了水情教育工作的重要性，提出了具体水情教育工作的主要内容，指出了目前存在的突出问题，最后对水情教育工作的改革方向进行了探讨；陈欢和李坤（2015）针对大学生的水情教育进行研究，先对我国水情教育现状进行分析，而后以武汉和黄石两地为例，调查研究了几所高校的大学生对水情的了解情况及节水意识，提出了提高大学生水情教育的建议及对策。对于水治理问题同样需要我们关注水知识的传播，高效的水知识宣传方法能够使人们在有限的时间内掌握更多的水科学知识，避免因缺乏用水常识而造成水体破坏，对缓解当前紧张的缺水状况大有裨益（罗增良等，2014）。加强水知识宣传，建立完善的水知识宣传体系，不断强化人们的节水意识是解决我国水资源问题的前提条件（高丽祥，2009；黄铁苗和胡青丹，2009）。一方面，积极广泛的宣传水知识有助于提高人们对水资源的忧患意识，帮助人们树立良好的节水观念。另一方面，水知识宣传能够提高人们对水的关心程度，促使人们更加珍惜水、保护水。Lucas（2011）研究表明向消费者传播饮用水污染数据来增加对不安全水风险的认识，可以实现对消费者行为的影响，进而使得水消费者（家庭或社区）改善自己对水的管理或处理。社区居民通过参与服务和宣传，可以靠经验建立关于水管理的知识（Padawangi，2017）。在水知识宣传途径方面，目前国内外已经形成了丰富多样的水知识宣传形式，其中包括以书面宣传形式为主的宣传标语、水知识资料发放、水文化展览和水知识展板等宣传途径（刘俊良等，2016）；以水知识宣传活动为主的水知识讲座、广告宣传片、水知识问答、水文艺演出、水工程参观、水生态考察和水知识竞赛等水知识宣传活动（罗春芳，2016）；以音视频为主的广播和媒体等宣传方法。这些宣传形式虽然在一定程度上能够起到宣传效果，但在实际运用中没有针对性的宣传往往存在一定的局限性。

与水相关的研究中，也有一部分集中在与水技能相关的研究，但此类研究较少。张润平（2018）探索了针对高校游泳教学过程中对高校生水上自救以及救助技能培养的方法，分析了高校游泳教学过程中应当改善健全的水上自救技能培养途径，并对学生水上自救救助技能培养的必要性进行了分析；冯燕（2004）探讨了目标设置对幼儿游泳技能学习、兴趣和情绪的影响，通过实验对被试者进行调查，并对调查结果进行分析；薛艳丽（2005）以洪水灾害中的一个逃生者为例，讲述了培养孩子逃生技能的重要性；孙启成和管祥（2018）指出，与其他技能相比，游泳的优势就是它不仅是一项体育运动，更是一项自救技能。因此，掌握洪涝、泥石流等灾害发生时的逃生技能——游泳、溺水自救方法和施救落水人员的正确处理方法，包括识别水危险等相关水技能，理应成为公民水素养基准中不可或缺的要求。

（三）基准及制定方法相关研究

1. 相关基准研究现状

基准起源于机械制造业，指的是在测量工作中用作起始尺度的标准。现已广泛应用于其他领域，多指该领域的标准。目前有较多关于科学素质的研究，我国学者马来平（2008）根据《全民科学素质行动计划纲要》，分析了我国科学素质基准制定的目的和依据，提出了基准内容选择的原则。张增一（2004）对中国公民科学素质标准的体系框架进行探析，先从国际比较、现状分析、需求分析三方面对我国公民基本科学素质标准的定位问题进行探讨，并进一步对中国公民基本科学素质标准的体系框架进行了初步探讨。张泽玉和李薇（2007）讨论了基准制定的定位、原则以及基准所应包含的内容，并指出基准制定过程必须考虑我国的现实国情。2016 年 4 月，科技部与中宣部联合颁布了《中国公民科学素质基准》，引起了社会各界以及研究学者的激烈讨论（王微，2016；唐琳，2017；高宏斌，2016）。周立军（2015）对青少年科学素养基准结构进行了分析，并以科学素养的“九要素模型”为参考框架，提出了青少年科学素质基准的内容结构。我国也有学者从科学素养基准角度出发，对美国公民科学技术素质标准的设立和演变以及美国教育思想进行了研究（任定成，2010；胡重光，2009）。Chong-Guang H. U.（2009）对美国科学素养基准中的数学教育思想进行了研究，该基准针对美国不同年龄段的学生提出了不同的要求，提供了一系列数学教育思想，并指出该思想有助于中国数学教育改革。Good R. 和 Shymansky J.（2001）对美国两大科学教育改革文件——科学素养基准和国家科学教育标准进行了比较研究，说明科学具有复杂性，对科学素养基准到底是后现代主义还是现代主义进行了讨论。Choe Seung-Urn 和 Ko Sun-Young（2006）基于美国科学素养基准第十章中的历史视角，在韩国发展了一组测试项目，用来评估学生对科学史的理解，所开发的试题可根据实际情况进行改造或修改，为建立科学素养的科学教育做出了贡献。Hill K. Q. 和 Myers R.（2014）针对美国大学生政治科学教育的科学素养进行了研究，论述了改革运动的突出成果，并对学科的科学教育现状进行了评价，提出了大学生政治科学素养的基本教育基准。

2. 制定方法相关研究

关于基准制定方法研究较多的是关于行政裁量基准制定的研究（周佑勇，2007；朱新力和骆梅英，2009；Huang X.，2009；王锡锌，2008）。周佑勇和熊樟林（2012）对裁量基准制定权限的划分进行了研究，而后熊樟林（2013）通过一种比较法上的反思与检讨对裁量基准制定中的公众参与进行了讨论，指出公众参与所蕴含的控权原理与裁量基准并不切合，而且公众参与带来的制度成本也不是裁量基准工程所能担当的。叶征昌（2017）和董慧敏（2015）对行政裁量基准的制定进行了系统的研究，主要使用实证分析法和比较分析法，分析了行政裁量基准的概念界定、制定主体、制定依据以及制定中用到的控制技术。也有学者以行政处罚领域为视角，对行政裁量基准进行研究（陈乾，2015a、2015b；李明华，2015）。宋哲（2015）对我国行政裁量基准制度进行了实证研究，指出必须明确行政裁量基准的制定主体，适当拓宽其适用范围，改善其制定技术以及加强对裁量基准的监督。

关于定性研究方法在相关素养研究中的应用，有不少学者基于扎根理论方法对核心素养进行了研究。例如任雪园（2018）对工匠核心素养的理论模型和实践逻辑进行了研究，采用质性研究中的扎根理论方法提取和凝练工匠核心素养，并且对所构建的工匠核心素养理论模型进行理论拓展与实践应用。周永（2017）采用扎根理论研究方法，结合高中各学科核心素养具体要求，分别从人与工具、人与自身发展、人与社会三个层面构建出具有乒乓球项目特质的核心素养模型图。宋怡等（2017）采用扎根理论研究方法，基于多重个案分析，总结了专家型化学教师对化学学科核心素养的理解，以及基于核心素养培养的对化学教学的认识。也有学者对扎根理论进行了系统的研究，吴毅等（2016）

从扎根理论的历史起源、理论流派、本质与内涵、程序与方法以及争议与反思等角度来全面梳理该方法的发展脉络。费小东（2008）在介绍和解释扎根理论研究方法论的不同版本以及和其他方法论比较的基础上，介绍了原始版本的扎根理论之要素、研究程序和评判标准；也有学者通过使用其他定性研究方法，对问题进行探索研究。卜玉梅（2012）通过分析互联网和文化之间的关系，结合已有研究基础，对相关问题进行整理并进行综述；卢振波和李晓东（2014）探索了民族志方法在图书馆学、情报学研究中的应用，分析了民族志方法的概念、特点和研究策略，全面梳理了该方法在国内外图书馆学、情报学研究中的应用情况，并且提出了图情学科采用该方法进行研究应注意的问题；夏鑫等（2014）系统地阐述了定性分析的研究逻辑，分析了其与传统的定量研究的三个差异，并提出了该方法的研究局限和在经济管理学领域的应用展望；同样，风笑天（2017）分析了定性研究与定量研究的差别，提出二者结合不可能发生在抽象的认识论和理论视角层面，只能发生在方法论特别是具体方法层面。

关于定量研究方法在相关素养研究中的应用。赖晓华（2016）针对职业素养的培养展开详细分析，并以此为出发点，进一步厘清高职人才培养中职业素养培育存在的偏差，形成基于职业素养的高职人才培养模式量化研究体系。

也有不少学者将定性研究和定量研究进行结合，对具体问题进行分析。姜玉莲（2005）使用定性、定量以及系统方法，结合相关理论基础，从教师教育规律的视角出发，对教师信息素养进行了研究；刘阳彤（2014）同样将定量和定性结合，简述了基层公务员新媒介素养的状态，并重点使用定量研究方法分析了基层公务员新媒介素养的影响因素；尹志华（2014）在探索中国体育教师专业标准体系的研究中，则将定性研究和定量研究两者结合，先使用质性研究中的扎根理论方法对标准体系进行研究，再在定性研究的基础上使用定量研究中的因子分析方法，对标准体系进行探索研究，最后结合两者的研究结果，通过整合研究确定了中国体育教师专业标准体系。而本书在方法的选择和使用中，也借鉴并完善了该学者的研究思想，对中国公民水素养基准进行研究。

（四）文献述评

通过梳理文献，可知关于水素养的相关研究较少，相关素养研究集中在科学素养、环境素养等领域。根据已有水素养相关研究，可知目前我国公民普遍具有良好的水知识与水态度，但在水行为方面仍有待提升。关于基准制定方面的研究大多集中在科学素质基准和行政裁量基准。与水素养基准紧密相关的科学素质基准相关研究中，大部分研究集中在科学素质基准的体系框架以及对基准的评价和讨论，而关于基准如何制定、制定基准的方法的相关研究却极少，这也是本书研究的难点。结合我国国情、水情，通过定性研究和定量研究两种研究范式，使用科学、正确的研究方法，制定我国公民水素养基准，迎合我国新时代治水的发展趋势，是全面提高我国公民水素养的必要过程。

第三节 水素养基准定位和制定方法

一、水素养基准定位及原则

（一）公民水素养基准定位

1. 体现经济社会发展的要求

我国人多水少、水资源时空分布严重不均，老问题仍有待解决，新问题越来越突出、越来越紧迫，水资源约束问题事关我国经济社会发展稳定和人民福祉。对于社会稳定和发展而言，完善和准确的水素养基准是不可缺少的社会规范，不仅有利于维护社会秩序，也能促进社会发展。因此，公民水素养基准要体现经济社会发展要求，符合新时代治水方针和思路，科学地提出公民应该具备的水素养的核心内容，为公民提高自身水素养提供衡量尺度和指导。

2. 发挥社会规范治理的作用

社会规范健全是社会文明进步的一个重要标志。公民水素养基准从某种意义上可以视为一种规范公民水素养行为的社会规范。社会规范是历史形成或规定的行为与活动的标准，具有鲜明的社会制约性。本书研究制定公民水素养基准就是要发挥其在社会治理中的调节作用，充分利用人们满足自身需要的活动，在基准引导下结成一定的社会关系，按基准要求来统一意志行动，弥补个体自然本能的不足，从而最大程度地满足自己的需要。

3. 遵循水素养形成的规律

制定公民水素养基准必须遵循公民水素养的形成和发展规律。对于每个个体而言，个体素养都具有其独特个性和一定的随机性，但是对于某个特定群体而言，又存在该群体所拥有的共性，例如缺水地区的居民节水习惯大都较好，因此对于个体素养的培养和形成，也有一定客观规律可循。同时，素养的形成虽然是以先天遗传因素作为基础，但后天教育研习所得才是素养形成的关键所在。特别是素养的形成是一个从认知到行为的过程，涉及“知、情、意、行”相互作用的过程。只有遵循水素养形成过程的基本特点，才能使公民水素养基准符合认知规律，更好地指导公民的水素养实践。

（二）公民水素养基准制定原则

1. 适用性

在制定公民水素养基准时应根据我国经济社会的阶段和特点。我国存在不同程度的城乡差距和地域差距，这种差异要求基准要具有一定的针对性和普遍性。与此同时，我国有悠久的文化传统和治水历史，水素养应融合中国文化特征才能更加有效地发挥作用。

2. 先进性

在社会发展的不同阶段和时期，人们对公民水素养的理解也不同。在制定公民水素养基准时，应借鉴国内外已有相关素养制定的经验教训，并根据新时代治水方针和思路要求，着眼未来几十年我国社会、经济、水资源状况基本需求以及公民整体素质发展的基本状况。

3. 协调性和统一性

公民水素养基准是统一的整体，基准内部各个部分要相辅相成，而不是相互矛盾。各个部分都要从整体出发，不能脱离整体。在制定时各部分要相互协调，以使整体发挥最大效益。

4. 社会效益和经济性

制定公民水素养基准时，不仅要考虑社会效益，还要考虑经济性。如果制定出的水素养基准成本太高，很难得到有效推广，制定出来的基准也就形同虚设。

二、基准制定方法选择

基准最早起源于工程领域，是机械制造中的概念，指用来确定生产制造对象时所参照的具体点、线或面。而后被广泛应用于银行领域，例如基准利率，指的是在金融银行市场上普遍用来参照的利率。在行政单位中有裁量基准，无论是政府颁布的文件还是学术界，都没有对行政裁量基准形成准确统一的定义，周佑勇（2007，2012）认为，裁量基准是指行政机关在符合上位法规定的基础上，结合行政机关相关的执法经验，把所涉及的裁量情节进一步细化、具体化，并设定出相应处罚幅度的一项行政自治活动。2016 年 4 月，科技部与中宣部联合颁布的《中国公民科学素质基准》指出，中国公民应该具备的基本科学技术知识和能力的标准，详细介绍了公民需遵循和学习的科学素质标准。借鉴科学素质基准的制定，本书制定的公民水素养基准应该是为公民水素养水平测度与评价提供一个研究“标准”。

在选择基准制定方法时，考虑到虽然量化研究是最主流的研究方法，但作为实证主义最重要的支撑研究力量，其局限性也逐渐显现出来。一方面，学者认为量化研究方法只能对现有理论进行处理验证，无法构建出新的理论；另一方面，学者认为很多现象与结果无法量化，许多问题也无法通过量化方法进行解决。而质性研究方法已经悄然进入人们视野，同时也正好可以弥补量化研究方法的不足，并且被广大学者学习使用。质性研究通过对资料的广泛收集，使用分析归纳等多种方法对资料进行研究探索并提炼观点理论。但质性研究同样面临缺乏规范性、信效度较低的劣势，有学者认为质性研究缺乏客观性和科学性。因此，将量化研究与质性研究结合是研究的趋势。

本书先使用定性研究方法对研究资料进行自下而上的归纳，通过扎根理论的三重编码对公民水素养基准范畴进行提炼；再使用定量研究方法对基准制定进行研究，通过因子分析对指标进行确定；最后通过混合设计对两种方法确定的公民水素养基准指标体系进行优化整合，得到完善的公民水素养基准指标体系。

1. 扎根理论

扎根理论是质性研究中的一种研究方法，注重从原始资料中提取概念和范畴，同时在对资料进行分析时又结合量化研究的方法，最终建构新的理论。扎根理论通过逐字逐句“编码”，将参与观察或深度访谈等资料分解并概念化，然后再建立理论，而非验证假设或既有理论，也就是着重发现的逻辑而非验证的逻辑。对相关资料进行开放性编码、主轴性编码、选择性编码。通过整理水素养基准相关研究资料，并实施扎根理论这一质性研究方法对所收集的数据资料进行探索，是水素养基准制定的基础和关键。

2. 专家访谈法

专家访谈法，是通过对相关领域专家进行面对面访谈或者电话访谈的方法。对水素养基准可能涉及的重要问题，选择包含各级政府相关工作人员、著名高校水利与环境方面专家，以及相关水利与环境等科研机构的学者、相关企业主管等作为访谈对象，将访谈资料记录下来并转化为文字，采用扎根理论方法对整理资料进行分析。

3. 文献研究法

文献研究法，是通过对已有研究文献进行认真研读、系统整理，并对其进行学习借鉴的一种间接研究方法。文献研究法在研究过程中具有节省时间和提高研究效率的优点。本书通过收集国内外大量相关文献，对所收集资料进行分类和整理，并通过认真研读现有文献来汲取相关知识，梳理回顾近年来水素养及基准制定的相关理论和观点，结合其他研究方法，对水素养基准的制定进行探索。

4. 文本分析法

文本分析法，是通过对文本进行整理和分析，得到研究所需资料的一种研究方法。文本分析的对象不仅是文字，也可以是图形、音频或者视频资料，但在对非文字资料的整理过程中，应当先将这些资料转化为文本资料再对其进行分析，目的是可以使数据资料的整理分析更加简洁、直观和高效。本书通过广泛的资料收集，并将所收集资料转化为易于分析整理的文本资料进行研究，其中文本资料包括文献、新闻、著作、网络数据和访谈文本等内容。

5. 因子分析法

因子分析法，是从众多因子中提取关键且能代表其他因子的公共因子的一种量化研究方法。通过扎根理论所提取的概念化语句作为基本变量，从这些众多的变量中提取少数综合变量，使其包含原变量提供的大部分信息，同时又尽量使综合变量尽可能地彼此不相关，每次提取的综合变量可看作各级指标。针对此问题，可以通过定量研究方法中的因子分析来实现，因子分析可以通过数据降维从众多变量中提取综合变量。

三、本书研究的主要内容

（一）研究总体安排

本书在对水素养基准进行溯源的基础上，结合新时代治水对公民水素养基准进行准确定位，提出制定过程中应把握的原则，使用混合研究方法对公民水素养基准展开研究。首先，通过定性研究中的扎根理论方法对公民水素养基准框架及具体基准点进行探索，借助质性研究软件 Nvivo1 2.0 对原始资料进行编码，通过开放性编码、主轴性编码和选择性编码三个步骤得到定性研究结果。其次，再通过定量研究中的因子分析方法对基准进行研究，构建旋转模型，确定指标体系。再次，结合两种研究方法所确定的研究结果对公民水素养基准进行整合，形成公民水素养基准体系。最后，对公民水素养基准点进行释义。

具体章节安排如下：

第一章为导论。首先，简述本书的研究背景，问题提出的出发点，研究的理论意义和实践价值。其次，对基础理论和国内外相关研究文献进行综述，主要包括水素养及相关素养研究现状、基准及制定方法相关研究。最后，对基准制定的原则和方法进行说明，主要介绍水素养基准制定定位及制定原则和基准制定方法。

第二章为公民水素养基准溯源与借鉴。探究公民水素养基准的历史渊源，梳理从远古文明中华水意识的觉醒到近现代中国对公民水素养问题探索的历史脉络。通过对科学素质基准、健康素养基准的制定背景、过程、内容等进行总结，为我国制定公民水素养基准提供有益的借鉴。

第三章为基于定性方法的公民水素养基准制定研究。首先，对定性研究方法与研究资料进行介绍，对扎根理论研究方法进行概述，且详细介绍研究数据的收集。其次，对原始资料进行编码，借助质性研究软件 Nvivo12.0 对研究资料依次进行开放性编码、主轴性编码和选择性编码，并对理论进行饱和度验证。最后，对定性研究结果进行陈列并分析。

第四章为基于定量方法的公民水素养基准制定研究。首先，对定量研究方法与研究资料进行介绍，对因子分析研究方法进行概述，构建数学模型，详细介绍数据的收集与检验。其次，借助统计学研究软件 Spss 24.0 构建水素养基准体系，依次确定水素养基准的一级指标和二级指标。最后，对定量研究结果进行陈列并分析。

第五章为公民水素养基准的整合研究。分析两种研究方法在制定过程中存在的问题，结合存在的问题对基准进行整合，分别对框架及具体内容进行整合，形成中国公民水素养的基准体系。

第六章为公民水素养基准释义。按照基准制定的依据、目的、内容和要求，对每条基准进行释义。

第七章为总结与建议。对研究进行总结，阐述研究所得公民水素养基准内容，分析基准实施可行性，总结研究的不足之处，对提高公民水素养水平提出相关建议，为政府制定公民水素养基准相关政策提供理论依据。

（二）技术路线

本书的技术路线如图 1-2 所示。

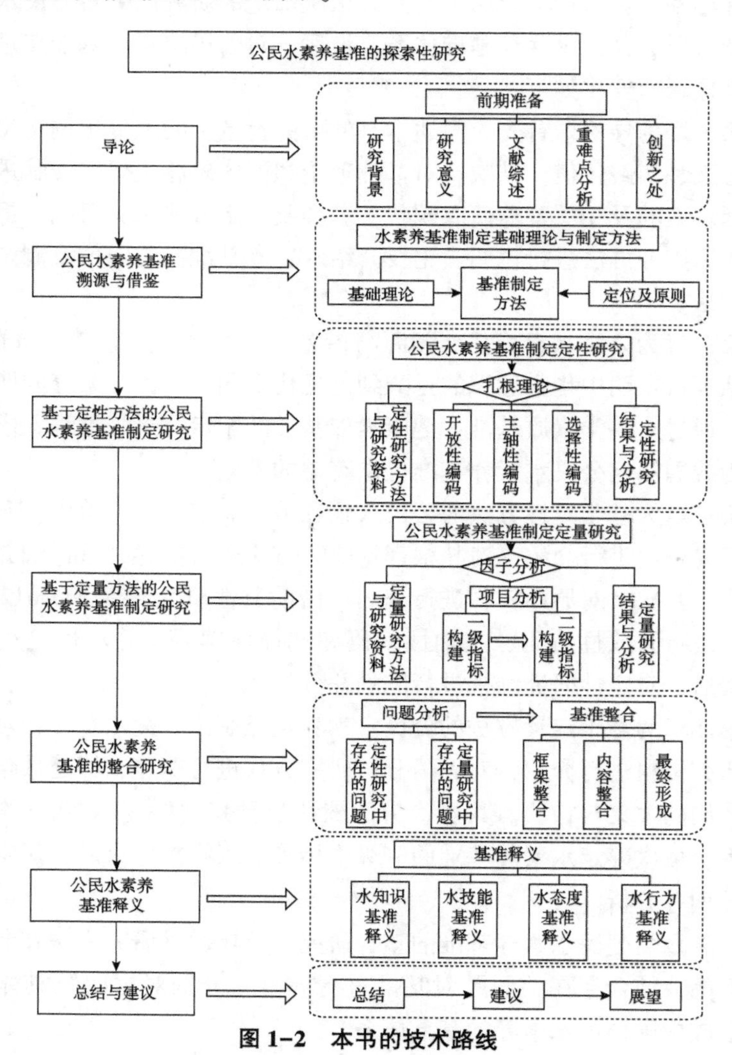

图 1-2　本书的技术路线

第二章　公民水素养基准溯源与借鉴

第一节　公民水素养基准的历史溯源

水是人类生存和发展的基本物质条件。五千年的中华文明史，实际上也是一部治水史。华夏文明与水紧密相连，兴水利、除水害，历来是治国安邦的大事，并在治水实践中积累沉淀了丰富的知识、技能、经验和智慧，文化和思想源远流长，对于我们凝练和吸取治水的经验，加强治国理政和治水兴水有重要借鉴意义。

一、从懵懂到觉醒：中华水意识的萌发

（一）从“畏水”到“利水”的转变（原始社会至秦汉时期）

据可考证的历史记载，公元前5800年，最早的中华文明——大地湾文化在黄河流域中游繁衍生息，此后黄河流域的其他地方逐渐诞生了裴李岗文化、龙山文化、仰韶文化等。从以上文化遗址的分布情况看，它们大多位于河谷地带较低的河边阶地或者处于大河与支流交汇的河口附近，因为这些地区临近水源、地势平坦、气候温暖、生产生活便利。仅以大地湾遗址考古发现，清理出新石器时代早期、中期的大量房址、灰坑、窑址和墓葬，生产工具数以千计，还有大批生活用具、武器和装饰品。先民们已经种植粟类作物，并饲养猪、狗等家畜，过着定居的聚落生活。可见，原始农业是当时社会的基本经济形态，主要是种植业，生产方式主要是刀耕火种，受自然环境影响极大，尤其是一到夏季，洪水暴发，摧毁家园，生灵涂炭。因此，生活在这一时期的华夏先民对

威胁生存的洪水充满畏惧，在灵智未开的状态下只能认为水是令人畏惧的神秘力量。

尽管并无翔实的资料可以考证，但从一些古籍与神话寓言故事中可以得到初步验证。中国最早的历史文献汇编《尚书·尧典》中也有类似的记载："汤汤洪水方割，荡荡怀山襄陵，浩浩滔天。""当尧之时，天下犹未平，洪水横流，泛滥于天下。草木畅茂，禽兽繁殖，五谷不登，禽兽逼人。兽蹄鸟迹之道，交于中国。"说明在远古时期，居于黄河流域的华夏民族，也曾遭受过"浩浩滔天"的洪水之灾，使人们的生命和生存受到严重威胁；《山海经》中记载："神于儿居之，其状人身而身操两蛇，常游于江渊，出入有光。""桃水出焉，西流注于稷泽，是多白玉。其中多鰠鱼，其状如蛇而四足，是食鱼。"说明当时先民的思想意识中，许多凶猛的怪物与神灵大多生活在水中；《列子·汤问》记载："共工与颛顼争为帝，怒而触不周之山，天柱折，地维绝，天倾西北，故日月星辰移焉；地不满东南，故水潦尘埃归焉。"可以看出，在当时人们心中，"水神共工怒触不周山"，从而引发了洪水。以上记载可以看出，当时华夏先民由于生产力不发达，对水是一种敬畏心态。

公元前2070~前1600年，中国建立了历史上第一个王朝——夏王朝，其活动中心在黄河流域的中原地带，已经开始认识到治水的重要性。《禹贡》除了强调各州的土壤和植被外，更重视各州的水环境，尤其是疏导河流，达到"九山刊旅，九川涤源，九泽既陂，四海会同"，大禹带领民众治水13年终获成功，并被拥戴为舜的继承人，其重要成就就是疏通被壅塞的河道，让洪水尽快流入大江大河，并逐步建立了沟洫制度。

沟洫制度的核心就是引水和排水，保证庄稼种植和生长，后来发展成为蓄水灌溉的陂塘工程，即利用自然地形稍加修整，筑土形成堤坝，可以防止洪水漫溢淹没农田和房屋。

到了商代，尽管未发现沟洫遗迹，但从出土的甲骨文和考古中发现，商朝有一定的水利体系。主要是这个时期的先民们生活在黄河中下游地区，虽然土地比较湿润，可以缓解旱灾威胁，但是黄河流域降水集中，河流经常泛滥，尤其下游坡降小，排水不畅，地下水水位比较高，内涝盐碱比较严重，沟洫系统就是适应这种需求建立起来的，并且之后实行的"井田制"也与此密切关联。

周朝是中国奴隶社会比较强盛的时期，帝王和贵族利用平民和庶人为他们修建了许多可供游览享乐的池沼园林。如《诗经》中记载了周文王在灵台游憩观赏的情况。可见，到了周朝，人们在利用沟洫系统排水灌溉的基础上，开始利用水建造园林景观，供人游览欣赏了，这时先民对水的认识已经有了一个大的飞跃，也是先民在长期生产生活中不断总结积累水知识的结果。

春秋战国时期是中国从奴隶制向封建制转变的时期，个体农民逐步取代农业奴隶，大大提高了农民的经济独立性，加上铁制农具的普及，生产力的进步带来生产方式的改进，使经济社会进一步发展，也为大型水利工程建设提供了强有力的保障。例如公元前 598 年，由孙叔敖主持开凿的芍陂，是中国最早的大型引水灌溉工程——期思雩娄灌区，该灌区的两条引水河总长为 100 多里。公元前 486 年，吴王夫差为北上伐齐、称霸中原，利用长江与淮河之间湖泊密布的自然条件，就地度量，局部开挖，把几个湖泊连接起来，从此长江与淮河贯通，为中国东部地区南北政治、经济、文化交流发挥了巨大作用。公元前 256 年，李冰父子领导兴修都江堰工程，采取中流做堰的办法，在岷江峡内用石块砌成石堰，把江水一分为二。之后，又带领百姓在灌县附近的岷江南岸筑了离碓以节制水流，干旱时，就把水引进去灌溉，雨季水多就关闭水门，保证了大约 300 万亩良田的灌溉，使成都平原成了旱涝保收的“天府之国”。公元前 246 年，秦王派水工郑国入秦，献策修渠，借此消耗秦国人力资财，削弱秦国军队。《史记・河渠书》记载：“渠成，注填淤之水，溉泽卤之地四万余顷，收皆亩一钟，于是关中为沃野，无凶年，秦以富强，卒并诸侯，因命曰‘郑国渠’。”

可见，虽然春秋战国时期仍有“畏水”的思想，这一点可以从《史记・滑稽列传》中战国时期魏国政治家西门豹破除河伯娶亲的祭祀行为中看出。但更多的思想家已经开始思考人与水的关系，例如孔子的“逝者如斯夫，不舍昼夜”感慨时间流逝宛如流水一般；老子的思想中更是赋予了水谦卑、柔弱的特征，是“道”的象征，像“上善若水，水善利万物而不争，处众人之所恶，故几于道”和“天下莫柔弱于水，而攻坚强者莫之能胜”等都论证了这一点；而《管子・水地篇》中的“水者，何也？万物之本原也，诸生之宗室也”，是中国思想史上最早的关于水是生命根源的记载。

总的来说，这时的中华民族随着生产力的发展，对水有了更多的理解和认识，不仅懂得如何利用水，并且将水与自然、社会联系起来，形成了独特的哲学思想。

（二）从“利水”到“管水”的转变（三国至唐宋时期）

三国至南北朝时期，由于战乱和少数民族入侵，经济重心逐渐向南移动，而南方水系发达，河流湖泊较多，这个时期朝廷异常重视水利建设，南方地区主要是发展自流灌溉，北方主要是修治原有的陂塘和渠堰，既可用于灌溉，又可兼作运道。但是，任何事情都是利弊相连，淮河流域地区自春秋后期起，由于地势比较平坦，河道自身排水不畅，再加上陂塘的建立和快速发展打乱了原有的排泄体系，造成比较严重的洪涝灾害。对此，晋武帝下诏书，寻求对策。度支尚书杜预对水情、地情和灾情调查分析后，提出了对平原河道先疏通排泄、废弃害多利少陂塘的主张，留下了平原治水的实践经验。治水知识和水利建设是以地学知识的提高为基础的，这个时期是中国地学知识发展史上的一个重要时期，大量撰述各州郡乃至全国山川的地学文献出现，如《地记》中的《水道记》大都记载了水道的来龙去脉，能反映一定时期的自然面貌，对于水资源的利用和建设具有重要价值。比较典型的代表就是《水经》和《水经注》。

《水经》是我国第一部记载水系的著作，成书于三国时期，它简要记录了137条全国主要河流的水道情况，但记载比较简略，缺乏系统性。于是，北魏时期的郦道元以《水经》为纲，撰写的《水经注》详细描述了大小1252条河流的自然状况及有关的历史遗迹、人物掌故、神话传说等。从河流的发源到入海，举凡干流、支流、河谷宽度、河床深度、水量和水位季节变化、含沙量、冰期以及沿河所经的伏流、瀑布、急流、滩濑、湖泊等都广泛搜罗，详细记载。还记载了湖泊、沼泽500余处，泉水和井等地下水近300处，伏流有30余处，瀑布60多处。记载了各种自然灾害如水灾、旱灾、风灾、蝗灾、地震等，记载的水灾共30多次。可以说，《水经注》是中国古代最全面、系统的综合性地理著作，也是中国历史上介绍水资源自然知识和分布知识的经典著作，为后人学习和了解水知识、探究治水良策提供了重要参考。

水利和水运对经济社会发展的作用显而易见，而这些工程的修建往往涉及多个行政区，这就需要政府部门的统一协调和管理。实际上，早在春秋时期，齐国的大政治家管仲就提出治国先要治水的重要论述，他认为“善为国者，必先除五害”，水旱灾害居于第一和第二位。政府内设专门管理水利的部门，让熟悉水利技术的人来管理。汉朝曾经颁布“水令”来解决水资源的分配和利用问题，但这条法律并没有明确写入当时的法律。而到了唐朝，水资源的保护意识增强了许多，甚至写入了我国现存最完整的法典《唐律疏议》中，说明对水资源的分配是十分严格的，避免了争夺水资源造成的浪费。唐朝的《水部式》是我国现存最早的水利管理法规，内容包括灌溉用水、碾硙（现为碨）设置、桥梁津渡、运河船闸、内河航运及其管理，兼及渔业及城市水道管理等，对水资源利用提出了明确规定和管理方式，“诸渠长及斗门长，至浇田之时，专知节水多少。其州县每年各差一官简校；长官及都水官司，时加巡察”，“泾、渭二水，大白渠，每年京兆少尹一人检校。其二水口大斗门，至浇田之时，须有开下，放水多少，委当界县官，共专当官司相知，量事开闭”。

而为了加强对水资源的管理和保护，唐朝开始在中央设立专门机构，像“工部尚书、侍郎之职，掌天下百工、屯田、山泽之政令。其属有四：一曰工部，二曰屯田，三曰虞部，四曰水部”。水部“掌天下川渎陂池之政令，以导达沟洫，堰决河渠，凡舟楫溉灌之利，咸总而举之”。唐朝的中央设有五监，其中之一是都水监，掌管京畿地区的河渠修理和灌溉事宜。《水部式》中对官员的考核与节约用水量联系在一起，以水资源管理的成绩作为官吏考核的标准之一，“若用水得所，田畴丰殖；及用水不平，并虚弃水利者，年终录为功过，附考”。所以唐朝继隋朝修建大运河之后，在各地修建了不少水利工程，仅在江南兴建和修复的水利工程，就大大超过了六朝的总和。

但是，唐朝在水资源开发利用过程中没有对水资源开发利用时的生态环境保护有所关注，也未见关于水污染防治方面的规定。原因可能有两个：一是唐朝仍是农业社会，工业不发达，因而水污染不严重，未引起政府注意；二是当时的科学技术水平较低，人们尚不能完全认识到水污染的严重危害，因而未在立法中予以关注。

宋时对于水利灌溉的秩序有了进一步的明确规定。《庆元条法事类·农桑门·农田水利》记载“河渠令：诸以水溉田，皆从下始，仍先稻后陆。若渠堰应修者，先役用水之家。其碾碨之类壅水，于公私有害者除之”。可见，北宋时期有关合理分配水资源及处理相应问题的法律规定已经相当完备了。

（三）公民水意识的全面觉醒（元明清时期）

到元明清时期，中国社会各界对水的认识已经发生了巨大的变化，水资源开发利用意识全面觉醒。元朝建都北京后，为了使南北相连，不再绕道洛阳，将运河改道成南下直达杭州的纵向大运河，直通北京，并以运河为基础，建立庞大而复杂的漕运体系，将各地的物资源源不断地输往都城，明清两代京杭大运河成为南北水运干线。这一时期，政府十分重视治水工作。但是，黄河自南宋时人民群众的期夺淮改道以来，河患频繁，对当时人民群众的人身财产安全和生产发展造成极大损害，管理者动用大量人力、物力和财力治理水旱灾害。

这个时期也涌现出一批具有重大影响的著述和代表人物。如元朝著名的水利专家郭守敬兴修水利、运河，发展了南北交通和漕运事业。元朝欧阳玄著《至正河防记》。明朝归有光著《三吴水利录》。朱谋炜撰写的四十卷《水经注笺》，是《水经注》的第一部注书。清朝齐召南撰写的二十八卷《水道提纲》，主要以清廷内府珍藏全国实测地图《皇舆全图》及各省图籍为据。徐松撰写的《西域水道记》是研究新疆水利的重要著作。

明清时期人口激增，人地矛盾突出，粮食生产难以满足需要，于是人们大量围水造田，兴建堤坝，砍伐山林，造成水土流失严重，像两湖平原是重要的农耕地区，一方面带来了“湖广熟，天下足”的农业经济繁荣，另一方面却对荆江、汉江产生巨大影响，两岸天然的分蓄洪区纷纷被筑堤围垦，灾害对经济社会的影响随之加剧。乾隆时期，湖北巡抚彭树葵就曾说道：“人与水争地为利，水必与人争地为殃。水流壅塞，其害无穷。”

明代潘季驯四次主持治理黄河及运河，发明“束水冲沙法”，固定黄河流路，深刻地影响了后代的“治黄”思想和实践，为中国古代的治河事业做出了重大的贡献。清代著名思想家魏源看到社会上存在着人水对立现象，在《湖广水利论》中说，“历代以来，有河患无江患”，但是近代以来却不同，长江“告灾不辍，大湖南北，漂田舍、浸城市，请赈缓征无虚岁”，几乎与河防同患。他认为，造成这种局面的原因，就在于“土满人满”。湖北、湖南、江南各省，沿江沿汉沿湖，以前受水之地，筑圩捍水，都围成了田，建起了房，地无遗利。“下游之湖面江面日狭一日，而上游之沙涨日甚一日，夏涨安得不怒？堤垸安得不破？田亩安得不灾？”

清末民国时期，由于黄河历史上决口改道频繁，水系遭到严重破坏，国家又无力兴修水利，以致河防失修、灌区萎缩、京杭运河中断，水利处于衰落时期。而社会各界治水的呼声日益高涨，同时面对列强的侵略和国家民族的危亡，许多仁人志士力主学习西方科学技术，富国强民，纷纷兴学校，办教育，开民智，呼吁成立专门的水利院校培养治水专业人才。河海工程专门学校就是在这种背景下，由我国近代著名实业家、教育家张謇兴建成立的。这是中国历史上第一所培养水利技术人才的高等学府，开设了国文、英文、图画、数学、物理、化学、测量、地质、力学、机械、路工、结构、水工、经济、管理、体育等课程，培养的学生具有较扎实的基础理论知识、较强的专业能力和综合素养。这是我国历史上首次将系统培养专门水利工程人才上升到科学治水、教育图强的认识高度，是中国历史上对治水科学认知上的一次重大飞跃，也是人们的水意识从懵懂到觉醒的一个重要标志。

二、从缺失到凸显：中国公民水素养问题的探索

（一）中国公民水知识教育初步探索（鸦片战争至1949年）

由于各种历史原因，近代中国的自然科学一直没有得到发展，一直到第一次鸦片战争后，西方自然科学、先进思想等传入中国，近代中国从传统社会逐渐向现代社会转型，人们逐渐开始认识“一草一木之微，或影响于民生国计，一品一物之细，或关系乎群智人心”。开始用科学的眼光看周围的一切事物，包括自然事物和社会思想，对其予以重新定义。这当中除了有来自传统文化的水神信仰，还有与西方思想有关的水知识的传入与传播。“由科学眼光所观察之水，所了解之水”，使后来的人们对水的认识也越来越科学。

近代中国对“水”的研究最早从外国传教士开始。第一次鸦片战争之后，西方传教士们大量涌入中国传教，同时他们还创办报纸、杂志，开办学校，普及科学知识。他们介绍了水的组成，传教士韦廉臣于《格物探源：论水》中说：“水之清者，乃一分湿气，八分氧气合成，其大概如江河湖海泉源统计之内，亦兼有余质几分。”还介绍了人体中水的占比，“人物体制统计之，水居四分之三”。韦廉臣不仅介绍了液体的水，还用自然科学知识来描述一些常识——“宇内万物体质，大凡遇冷而缩小，遇热而涨大。其缩也较重，其涨也较轻”。将水的特性与温度联系在一起，说明了冰与水蒸气的关系及水的转化关系。这是中国最早介绍“水”本质的著作。

1909年，基督教报刊《通问报》连续刊登了几篇与水常识有关的文章。在《水谈》中详细说明了水的成分、特性等，文章内容分成了“水之通性”“水之色何自来乎”“水之大别”等部分；另一篇文章《论水》也从相同的角度，介绍了水的分布、物理特性和分类，作者将水分得更加精细，依据水的各种形式将其分为寻常水、井水、海水、泉水、蒸馏水、硬水及软水，随后介绍了各种水的构成、来源及特性，特别指出了寻常水的特性，“城市之水，不仅含有物质，且合民家之污水，而此往往侵入地中，复与井水混合，实为传染诸病之媒也”。说明污染之后的水将成为传染病的来源，所以要有意识地提升民众用水卫生意识，改变以前的生活习惯。往后，此类的卫生宣传慢慢传播到民众当中，使近代社会的一些风气逐渐改变。

水的污染问题是近代才被人们关注的。过去人们卫生意识淡薄，不注意生活细节，随手乱扔垃圾，污水任其自流，导致经常性的瘟疫流行。近代中国开始从日常生活出发，向人们宣传卫生的重要性，希望能够改变传统的生活方式。认为造成水污染的原因比较复杂："第一，因人之排泄物而污染者……第二，因动物之废弃物而污染者……第三，因人家废弃物而污染者……第四，因工业上之废水污染者。"随着资本主义经济发展，工厂的建立势必导致水污染问题越来越严重，这都是人为因素造成的。而有的文章对中国河流现状做了描述，河海水"日夜暴露地面之垢，污厂家之秽水沟渠之腐物，无以不纳入之（中国之河殆更甚焉）"。人们已经意识到人类活动造成水污染的严重性。

可见，人们已经开始从科学角度去描述水知识，对提高人们的科学素养发挥了极大的作用。虽然外来传教士们关于水知识的传播不是最先进的，甚至夹带有一部分宗教思想，但不能忽视其对近代中国人民的启蒙作用，如宣传自然科学，提升国人素质，改变生活方式等。

总的来说，近代中国随着西方思想的传入，逐渐向现代社会转型，资本主义的发展、新的生活方式的出现和自然科学的传播与普及，使中国人对水的认识不断加深，且在水污染方面也有一定研究。但由于各种原因，人们还没有对水污染的严重性和危害性形成强烈的认知，近代中国公民水素养教育仍处于初步探索阶段。

（二）传统水利背景下水科普教育探索与反思（1949 年至 21 世纪初）

1949 年 10 月 1 日，中华人民共和国成立，为中国水利事业的发展提供了良好的政治环境。党和国家非常重视水利工作，提出了"水利是农业的命脉"的治水方针。但是，连年战争，水利失修，人民政府将修建水利设施作为经济恢复的重点之一，并将解决大江大河的防洪安全、保障人民生命财产安全放在第一位。全国上下形成了建设水利的高潮，兴建了一大批水利工程。不过，当时从"改造自然、人定胜天"的思想出发，强调水资源的开发、利用、治理，特别重视工程技术。

1950 年夏季，河南、安徽等地降雨量过大，导致淮河流域洪灾泛滥。毛泽东主席在批复淮北灾情报告时，提出"一定要把淮河修好"。1951 年，人民政府组织在淮河及其支流上修建了石漫滩、板桥、白沙等大型水库。与此同时，党和人民政府也将长江防洪问题提上日程，1950 年，为了治理长江，专门成立了长江水利委员会，把长江最险段荆江大堤和分洪作为重点项目来建设。毛泽东主席还专门为荆江分洪工程题词：“为广大人民的利益，争取荆江分洪工程的胜利。”1952 年 4 月工程开工，到 1953 年 4 月，一、二期工程顺利建成。在全国范围内，人民政府也组织建设了许多农田水利，如陕西省整理扩充泾、渭、洛等灌渠工程，以及苏北灌溉总渠和东北的东辽河、盘山、查哈阳、前郭旗等较大的农田灌溉工程。

这些工程在抗御水旱灾害、促进工农业生产、保护水土资源、改善生态环境，以及保障社会安全等方面发挥了重要作用。但当时我国生产力水平和人民群众的生活水平还很低，工业和其他用水的需求量不大，生态环境和水环境污染问题还不突出，水资源的供需矛盾没有显现出来。此时的公民水素养教育，集中体现在水利科学技术普及上。

1950 年 8 月 22 日成立的“中华全国科学技术普及协会”，是一个由科学技术工作者自愿结合，以业余时间从事科学技术宣传工作的群众团体。全国性科普组织的建立，极大地推动了科普工作，既普及自然科学基础知识，也普及实用技术知识，注重实用技能的推广。水利科学技术的宣传和普及也迅速获得支持和发展，由以往的以宣传为主，逐步转向宣传与推广相结合。科普对象拓展为工人、农民、士兵和干部，科普形式多样化，组织水利演讲，创办科普专刊、小报，另外，还开办培训班、水利专业学校等。出版通俗读物，如通俗读物出版社出版包括“水的故事”在内的“通俗科学小丛书”。1961 年上海少年儿童出版社出版第一版《十万个为什么》，如海水为什么是蓝色的？为什么水不会燃烧呢？有关雷电的知识，连续设计了多个“为什么”，这些“为什么”既让人们了解了雷电知识，也帮助人们破除了迷信思想。20 世纪 50 年代，时任水利部副部长兼技术委员会主任张含英先后出版了《谈谈治水》《水利概说》等 10 多种科普读物，语言生动形象，受到了社会的广泛欢迎。

在“文化大革命”时期，水利建设遭遇了挫折，水利科普事业也受到严重影响。这期间，国家一方面强调水利以“社队自办”为主，主要是发动和组织群众开展了秋冬初春的农田水利基本建设，国家也投资建设了一些大中型骨干工程和重点工程，包括湖北丹江口水利枢纽、海河流域的十三陵水库、怀柔水库、密云水库等工程，以及江苏江都排灌站、湖北引丹江口灌溉工程、陕西宝鸡引渭上塬工程、都江堰扩建、湖南韶山灌区、安徽淠史杭灌区等。但是，也出现了一些技术问题。当时国内的水利工作者们还停留在理论阶段，没有建设大型水坝的经验，也没有可供参考的水文资料，并且所有的水坝都依照“以蓄为主”的思想，给当时在建的水利工程带来了严重的影响。

改革开放后，中国经济社会发生了巨大变化，经济建设速度再次加快，随之而来的是大规模开发利用水资源的局面，国家主导修建了一批农田水利建设、城乡供水建设、水电开发、水土保持建设以及防洪堤建设等，如 1982 年引滦入津工程动工，1994 年长江三峡水利枢纽工程正式开工建设，1994 年黄河小浪底水利枢纽工程开工建设。特别是 1998 年长江、嫩江与松花江发生了罕见的洪水灾害，严重危及人民群众生命和财产安全。这一时期，党和国家“尊重知识、尊重人才”，沉寂了十年的科普工作又开始恢复、发展、提升。如中国水利学会科普工作委员会从 1985 年开始组织编辑出版了《水利科普丛书》，组织全国 23 省、自治区、直辖市开展了青少年水利夏令营活动，编辑出版了《全国青少年水利夏令营丛书》，选编制作了《中国大型灌区》彩色图片集，为中央人民广播电台的“科学知识”讲座组织水利方面的专题讲稿，为《人民日报》《光明日报》《中国水利电力报》《中国水利》等报刊组织有关水利方面的科普专稿等。

可以说，1949 年至 21 世纪初，水利工程建设取得了举世瞩目的成就，但是在当时的经济社会历史条件下，人们还停留在对水资源的开发利用上，主要是通过工程措施来除水害、兴水利，注重水资源规划、开发、利用以及以工程的规划、设计、施工、运行与管理，以满足经济社会发展的需要。而对工程建成后的持续效应考虑不多，过分强调人的主观能动性，忽视了人类活动对自然环境的影响。显然这种传统的治水思想和方法已经不适应新形势下的经济社会发展的需要。

（三）现代水利背景下公民水素养理论框架的初步提出（21 世纪初至今）

进入 21 世纪，随着我国经济发展和社会进步，生产力水平迅速提高，经济社会迅速发展，人民群众的物质文化生活水平得到了极大改善，水利发展的主客观因素发生了重大变化。如何解决水利面临的新问题，如何适应水利外界条件的变化，如何用有限的水资源支撑国民经济的可持续发展，要基于科学发展观，从人与自然和谐共处的理念出发，以恢复和维系良好的生态系统、实现水资源可持续利用支持经济社会可持续发展为目标，从工程水利向资源水利，从传统水利向现代水利、可持续发展水利转变。在这一背景和科学发展观的指导下，借助公民科学素质行动计划和行动，对水素养理论及其框架进行了初步探索和尝试。

1999 年，在借鉴美国等发达国家公民科学素质建设经验和做法的基础上，中国科学技术协会向中共中央、国务院提出了关于实施“全民科学素质行动计划”的建议，并于 2006 年国务院正式颁布《全民科学素质行动计划纲要（2006—2010—2020 年）》，提出了针对公民科学素质建设的全面部署，明确界定了中国公民科学素质的内涵，并且从政策方针、重点群体、基础工程、制度保障、预期目标等方面提出了具体要求。

在这一大背景下，水利部和地方水利部门积极开展了水利科普和以水利知识和技能为导向的科学素养行动。主要包括：①充分利用“世界水日”“中国水周”等活动，集中开展“水利科普进校园”活动，实施青少年科学素质行动；②以科技下乡（基层）活动、开展水利科技服务为载体，丰富农民的水利科学知识；③以科技交流、学术讲座为抓手，实施领导干部和公务员的科学素质行动；④加大人才培训、科普教育基地建设，办好水利科技期刊，实施水利科普教育，让公民了解必要的水利科学技术知识，增强科学的水意识，以及应用规范自己的水行为和处理公共水问题的能力，成为新时期公民水利科普和科学素质建设的新导向。

2011 年，水利部发展研究中心基于对水问题的客观认识和治水思路的科学判断，在借鉴科学素质、健康素养等相关研究和工作进展的基础上，首次提出了公民水素养概念，认为我国应该采取行动，使公民具有必备的水知识、科学的水态度和规范的水行为，初步形成了水知识、水态度和水行为的概念框架。

2015 年 6 月 30 日，时任水利部部长陈雷在中国水利学会第十次会员代表大会讲话中提出，增强服务意识，着力培养优秀科技人才，抓好科普宣传，着力提高全民水素养。之后，在水利部发展研究中心的支持下，华北水利水电大学成立水素养研究团队，并开始了水素养理论研究和水素养读物的编辑出版工作。

2015 年 12 月，水利部发展研究中心水素养课题组分别到北京市、河南郑州市和广西河池市开展主题为“知水、爱水、惜水、护水”的水素养进校园活动，面向中小学生赠送水素养科普读物《生命之水》简印本，并广泛征求修改意见和建议。围绕水素养三大内容“必备的水知识、科学的水态度、规范的水行为”开展“与水相伴，快乐成长”征文和绘画、山歌比赛。

2016 年，水素养研究团队在归纳总结素养、科学素养等内涵的基础上，提出了水素养的基本概念，并从其核心内涵出发，构建由水知识、水态度和水行为3个一级指标、10个二级指标、29个三级指标和若干观测点组成的公民水素养评价指标体系。在北京市、郑州市、河池市和青铜峡市进行了试点调查，验证指标体系和评价方法的科学性，研究成果《公民水素养理论与评价方法研究》在科学出版社出版。

2017年，为了比较系统地了解我国公民水素养状况，水素养研究团队开展了较大范围的水素养试点调查与评价工作。以31个省会城市为调查样本，收回有效问卷10024份。在对问卷调查结果进行初步评价的基础上，考虑抽样人群的结构与实际总体人群的结构存在偏差及日常生活中居民的实际生活用水量，以及城市居民生活用水定额之间的差异，对问卷调查评价值进行了基于抽样人群结构偏差的校正，以及基于节水效率值的调节，最终获得我国省会城市居民水素养综合评价值及排序，并基于"精确计算、分类呈现"的原则将31个省会城市的公民水素养状况分成Ⅰ、Ⅱ、Ⅲ、Ⅳ等次，在各等次下对各省会城市水素养评价的微观数据和得分情况进行了介绍和分析。

2018年，水利部发展研究中心在整合前期研究和活动成果的基础上，以"公民水素养调查评价研究与公益宣传"参加中国青年志愿服务项目大赛，获得了专家评委的肯定。

2019年1月，根据2017年抽样调查形成的研究成果《中国省会城市公民水素养评价报告》在中国水利水电出版社出版。

2019年3月，正值第三十二届"中国水周"，中国水利学会、中国水利水电出版社、水利部发展研究中心、水利部宣传教育中心联合走进北京市朝阳区呼家楼中心小学，开展水情教育、节水宣传进校园活动，并向学校赠送《生命之水》等水素养科普读物、水情教育文创产品等。

《生命之水》由水故事、水知识、水探求、水行为四部分组成，以通俗易懂的语言和优美直观的插图介绍水知识、探求水奥秘、强化水体验，让小读者们不断加深对我国水情的认知，从小增强节水、爱水、护水意识，培养正确规范的水行为。同年，在水利部宣传教育中心的支持下对公民水素养基准框架进行了初步探索。

第二节　中国公民水素养基准制定相关借鉴

一、中国公民科学素质基准

（一）制定的背景和意义

20世纪初，美国、印度等国家先后出台了有关科学素质的基准，有效地指导了科普工作的开展，为提高国家竞争力打下了良好的人才基础。公民科学素质是先进生产力发展的基础。科学技术是第一生产力，而科学技术的创造发明与推广应用都取决于掌握和应用科技知识的人，这部分人正是不断从亿万个掌握一定科学知识科学方法的公民中产生的。发达国家的经验无一例外地证明，正是因为他们高度重视公民科学素质的培养和提高，形成了良好的科学沃土和创新氛围，造就了强大的科技人才队伍，成就了科学技术的突飞猛进，促进了先进生产力的发展。对比国外科技的快速发展，我国急需出台具有中国特色的科学素质基准。

公民科学素养对政治、文化等上层建筑影响深切而广泛。首先，科学素养水平对人们的世界观影响极大。一个缺乏科学素质的人很难对客观规律有科学的认识，更不具备掌握科学世界观即科学发展观的基本素养。其次，科学素养水平对上层建筑的政体架构、法律制度、执政水准等影响重大，政体和法律是否与经济基础适应，并不断体现其先进一面对社会的促进，在很大程度上也取决于执政党的科学素养水平。最后，科学素养是文化素养的核心所在。同时，社会主义的道德观、荣辱观等也无不受一定时期人们世界观和科学素养水平的影响。

在公民科学素质方面，我国存在着特殊的国情和巨大的差距：人口众多，民族成分复杂，农村人口在总人口中占比高，并且文盲和只接受一部分义务教育的也大多在农村；公众的科学素质整体水平较低，并存在较大的地区差距、城乡差距和职业差距；经济、文化上存在着东西、南北的差距；受我国几千年历史文化传统影响，我国传统文化精华（如中医）与迷信、巫术等糟粕并存。因此，要基于我国特殊的国情和公民受教育的情况确定切合我国实际的科学素质内涵，深入研究公众科学素质标准对我国优秀历史文化的传承与发展，以及如何使不同区域、不同职业等之间的标准统筹一致，深入研究我国不同地区、不同职业公众对先进科学知识、科学精神和科学方法的接受能力。

2002 年，党的十六大报告明确提出全面建设小康社会的历史任务。实现小康社会和社会主义现代化建设有赖于国家综合竞争力的提高，需要大批具有较高科学素质的劳动者作为支撑。而我国公民科学素质整体偏低的现状，已经成为制约全面建设小康社会、实现现代化强国的瓶颈。因此，迫切需要引导我国尽快从整体上提升国民素质，使沉重的人口负担转化为巨大的人力资源优势；亟须政府引导实施、全民广泛参与的公民科学素质行动，更需要出台相应基准作为执行的依据和方向。

我国已经颁布的《国家科学课程标准》与《科学素质纲要》在目标群体、培养目标、实施手段和对知识的把握等方面有所不同，因此，仅有《国家科学课程标准》是远远不够的。同时，尽管我国已经进行了多次公众科学素质调查，但这类调查的设计主要是参照国外的做法，调查题目缺乏自身指标体系的指导。没有公众科学素质基准的支撑，就无法开展有目的的公众科学素质调查，无法科学全面地测评我国公众科学素质的发展水平，因此，亟须设立科学素质基准，作为衡量中国公众基本科学素质测评的依据。

（二）制定过程和主要内容

根据我国公民科学素质现状和形势发展需要，1999 年 11 月，中国科协向中共中央、国务院提出实施全民科学素质行动计划的建议，建议对我国公民的科学素质培养做出总体规划和系统安排，立足我国基本国情，制定和实施科学素质行动计划，力争通过 50 年的持续努力，到中华人民共和国成立 100 周年即 2049 年时，实现人人具备科学素质的目标。之后，党和国家采取了一系列重要措施来提高我国公民的科学文化素质，以适应现代化建设的需要，提升我国的综合国力。这些重大部署和举措为《科学素质纲要》提供了良好的条件。党的十六大提出了提高公民素质的明确目标任务，后续相继召开的十六届三中、四中、五中全会又提出了树立和落实科学发展观、构建社会主义和谐社会、增强自主创新能力的重大决策，把实现人与经济社会全面协调可持续发展作为总的指导方针，为提高公民科学素质提供了有力的依据。科普法的颁布实施为公民科学素质建设工作提供了法律依据和保障。

2002 年 4 月，国务院办公厅对中国科协《关于实施全民科学素质行动计划的建议》复函。按照国务院的要求，中国科协积极开展有关筹备工作。2002年6月颁布的《中华人民共和国科学技术普及法》，明确规定了政府及相关部门在科普方面的职责，明确提出了科普是全社会的共同任务，规定了社会各界的责任。2003年，成立了由中国科协、中组部、中宣部等14个部门组成的全民科学素质行动计划制订工作领导小组，正式启动全民科学素质行动计划制定工作。从2003年下半年到2004年7月，相关领域专家开展基础性研究，参与《科学素质纲要》的制定，在中国公民科学素质的内涵与结构和公民科学素质建设的指导思想、目标、任务、途径、手段等方面，取得了丰富的研究成果，为制定《科学素质纲要》打下了重要基础。2004年年初，中央书记处对全民科学素质行动计划工作做出重要指示，2005年年初，中央书记处又进一步强调“要加快全民科学素质行动计划的制定过程，并把它纳入国民经济和社会发展‘十一五’计划，纳入《国家中长期科学和技术发展规划纲要》”。

中国公民科学素质基准是指中国公民应该具备的基本科学技术知识和能力的标准。《国家中长期科学和技术发展规划纲要（2006—2020年）》确定了实施全民科学素质行动计划、加强国家科普能力建设、建立科普事业的良性运行机制三项科普工作任务。2011年，国务院办公厅印发了《全民科学行动计划纲要实施方案（2011—2015年）》（国办发〔2011〕29号，以下简称《实施方案》），对“十二五”期间我国提升公民科学素质建设长效机制建设的任务，指出要健全监测评估体系和考核激励机制，明确由科技部、财政部、中央宣传部牵头制定《中国公民科学素质基准》。

《实施方案》印发以来，科技部组织力量研究起草了《基准（征求意见稿）》，并于2013年在部分省（自治区、直辖市）开展了试点调查工作，取得了良好的效果。在理论研究和试点测评的基础上，通过三轮大范围20多次的讨论论证，邀请各领域专家进一步修改完善，形成了《基准（征求意见三稿）》，并于2014年印发中央和国务院有关部门，各省、自治区、直辖市、计划单列市及副省级城市科技厅（委、局）征求意见，进行了认真修改完善。此后，邀请国内各行业领域权威专家成立了《基准》制定专家咨询委员会。在专家咨询委员会的指导下，对《基准（征求意见三稿）》进一步修改完善，形成了《中国公民科学素质基准》（以下简称《基准》）。

《基准》是指中国公民应具备的基本科学技术知识和能力的标准。公民具备基本科学素质一般指了解必要的科学技术知识，掌握基本的科学方法，树立科学思想，崇尚科学精神，并具有一定的处理实际问题、参与公共事务的能力，包括科学知识、科学能力、科学精神三个范畴领域，共26条基准，132个基准点，涵盖了《科学素质纲要》提出的科学技术知识、科学方法、科学思想和科学精神，即“四科”，及处理实际问题的能力和参与公共事务的能力，即“两能力”的全部内容。制定《基准》是健全监测评估公民科学素质体系的重要内容，将为公民提高自身科学素质提供衡量尺度和指导。《中国公民科学素质基准》的结构如表2-1所示。

表2-1 《中国公民科学素质基准》结构

基准	基准点	数量
知道世界是可被认知的，能以科学的态度认识世界	1-5	5个
知道用系统的方法分析问题、解决问题	6-9	4个
具有基本的科学精神，了解科学技术研究的基本过程	10-12	3个
具有创新意识，理解和支持科技创新	13-18	6个
了解科学、技术与社会的关系，认识到技术产生的影响具有两面性	19-23	5个
树立生态文明理念，与自然和谐相处	24-27	4个
树立可持续发展理念，有效利用资源	28-31	4个
崇尚科学，具有辨别信息真伪的基本能力	32-34	3个
掌握获取知识或信息的科学方法	35-38	4个
掌握基本的数学运算和逻辑思维能力	39-44	6个
掌握基本的物理知识	45-52	8个
掌握基本的化学知识	53-58	6个
掌握基本的天文知识	59-61	3个
掌握基本的地球科学和地理知识	62-67	6个
了解生命现象、生物多样性与进化的基本知识	68-74	7个
了解人体生理知识	75-78	4个
知道常见疾病和安全用药的常识	79-88	10个
掌握饮食、营养的基本知识，养成良好生活习惯	89-95	7个
掌握安全出行基本知识，能正确使用交通工具	96-98	3个
掌握安全用电、用气等常识，能正确使用家用电器和电子产品	99-101	3个
了解农业生产的基本知识和方法	102-106	5个
具备基本劳动技能，能正确使用相关工具与设备	107-111	5个
具有安全生产意识，遵守生产规章制度和操作规程	112-117	6个

续表

基准	基准点	数量
掌握常见事故的救援知识和急救方法	118-122	5个
掌握自然灾害的防御和应急避险的基本方法	123-125	3个
了解环境污染的危害及其应对措施，合理利用土地资源和水资源	126-132	7个

（三）宣传推广及成效

《中国公民科学素质基准》制定的过程，也是宣传和动员社会参与公民科学素质建设的过程。早在2008年，科技部推出了第一套《中国公民科学素质基准》，在此基础上制定了测试题库和样卷，并在长江三角洲上海、江苏、浙江三省（直辖市）进行试测。到2012年，科技部又在北京、天津、上海、重庆、湖南、四川等六个具有代表性的省（直辖市）进行素质调查。之后邀请在公民科学素质建设方面具有丰富经验的专家学者进行了卓有成效的修改，并综合多轮专家、学者及地方科技行政部门的修改意见，制定完成《中国公民科学素质基准》，经科技部办公厅在科技部网站自2015年10月26~31日公开征求意见。2016年4月18~30日，全网共监测到“中国公民科学素质基准”相关信息2574条，其中新闻487篇、微信361条、原创微博1278篇、论坛254篇、移动客户端94篇、博客68篇、纸媒23篇、问答9篇，得到了网民和社会各界的极大关注。

编制《全民科学素质学习大纲》。为促进我国公民科学素质快速提升，并为各地科学素质建设工作提供有力指导，实际上，中国科协在2015年就组织了《全民科学素质学习大纲》的研究和编写工作。它以提高全民的科学素质为目标，面向全体公民，面向未来发展，既包含科学的知识和方法，体现科学的本质，又崇尚科学精神和科学态度，同时也强调科学与社会、科学与人文的结合。分别为科学观念与方法、数学与信息、物质与能量、生命与健康、地球与环境、工程与技术、科技与社会、能力与发展八个部分，是《公民科学素质系列读本》编写的基础蓝本和纲领，不仅为公民科学学习提供了直接内容，也为科普资源的开发提供了根本的内容标准，指导科学、规范地进行科普创作。如中国公民科学素质“读一读”、中国公民科学素质“测一测”，并开发了近400个科普动漫作品等。2017年，陕西省以《中国公民科学素质基准》为提纲，结合陕西地方区域经济发展特点，增加了陕西自然条件、灾害发生预防和区域人文科技发展等内容，出版了《陕西省公民科学素质基本读本》，对于引领公民了解生活、劳动以及社会中的科学技术，宣传《中国公民科学素质基准》具有重要推动作用。

组织开展中国公民科学素质测评工作。中国科协从1990年起就在美国米勒体系的基础上，制定了中国公民科学素质调查问卷及测评方法，开始对中国公民科学素质进行测评，到2015年已连续9次完成中国公民科学素质测试工作，为我国教育和科技相关政策的制定提供了有利的数据支撑和研究基础，也为我国科学素质基准做了积极的推广；2016年，建立了《科学素质纲要》实施的监测指标体系，定期开展中国公民科学素质调查和全国科普统计工作，为公民提高自身科学素质提供衡量尺度和指导。

将提升公民科学素质纳入“十三五”国家科技创新规划。2016年，将全面提升公民科学素质纳入“十三五”国家科技创新规划，以青少年、农民、城镇劳动者、领导干部和公务员等为重点人群，按照中国公民科学素质基准，以“到2020年我国公民具备科学素质比例超过10%”为目标，广泛开展科技教育、传播与普及，提升全民科学素质整体水平。2017年，科技部在《中国公民科学素质基准》宣传推广中，继续举办“全国科技活动周”，鼓励科技人才创新争先，激发科技人才的责任感、使命感。建设国家科普示范基地和国家科普特色基地，组织全国优秀科普作品推介、全国科普讲解大赛和全国科普微视频大赛，营造多元包容、良性竞争、宽容失败的创新文化，大力弘扬科学精神、工匠精神和企业家精神。

组织开展《中国公民科学素质基准》宣传活动。2016年，辽宁省启动科技活动周，宣传《中国公民科学素质基准》，倡导科学生活方式，提升公众科学素养、生活质量和健康水平；陕西省启动科技活动周，宣传《中国公民科学素质基准》，宣讲科技成果转化带来的新技术、新产品和新创业，参加活动人数创历年之最；组织开展科技成果及创新创业成果展、创意创新创业大赛、西部国际机器人大会、科技创新成果及流动科技馆巡展、航空科普大讲堂、科技金融知识培训、优秀历史文化进校园、农村科技扶贫、高端科技资源对外开放等一系列重大科普示范活动；广州通过举办全国科普讲解大赛在全社会广泛普及科学知识，弘扬科学精神，传播科学思想，倡导科学方法，为全国科技人员和科普志愿人员搭建学习交流的平台，宣传《中国公民科学素质基准》，提升科普传播能力，推动我国科普事业持续健康发展。

《中国公民科学素质基准》的推广，引起社会热议，在不断的改进中，

2018 年我国公民具备科学素质的比例已达 8.47%。根据《全民科学素质行动计划纲要实施方案（2016—2020 年）》，到 2020 年我国公民具备科学素质的比例要达到 10%。2005 年这一比例为 1.60%，2010 年为 3.27%，2015 年为 6.20%，2018 年为 8.47%。

（四）主要启示

要明确基准的定位与制定原则。在制定和提出素质基准之前，需要明确对素质基准的认识。以科学素质基准为例，科学素质本身是动态发展的，不同的国家、地区，在不同的发展阶段和时期对于科学素质的理解是不相同的，乃至同一国家的公民对于科学素质的期望也不尽相同。是仅体现国家意志，或仅体现公众自身要求，还是在体现国家意志的同时也充分考虑公众自身要求？必须给予明确的回答。同时，还要确定制定原则，如素质基准必须与世界接轨，如果不能接轨，就无法与主要发达国家的公众科学素质水平进行比较，也就无法测度我国公民科学素质的建设成效。必须面向未来，着眼于未来几十年我国社会、经济、科技的基本需求与公民整体素质发展的基本状况。必须结合中国实际，我国公众的科学素质还比较低，城乡差距、地区差距较大，所以基准应该是一个低限标准，并且要具有一定的针对性和普遍性。

科学慎重地确定基准的内容。科学素质的概念源于 20 世纪 50 年代的美国。米勒（Miller J. D.）等人在公众科学素质调查中提出了科学素质的三重维度，涵盖了公民科学素质标准的基本要求，之后世界各国开展了科学素质基准方面的研究工作。不同国家在不同社会语境中制定的基准和内容标准都不同，如在美国对科学素质和科学教育研究如火如荼的时候，英国更关注的是科学与社会层面的互动，而印度更注重公众的基础科学素质水平。中国大约从 20 世纪 80 年代开始关注和着手研究中国公民科学素质问题，历经课题调研、试测评、专家讨论、征求社会公众意见等过程，2016 年 4 月 18 日科技部和中央宣传部正式发布《中国公民科学素质基准》，成为落实《全民科学素质行动计划纲要（2006—2010—2020 年）》的重要任务和必要文件，但也引发了广泛的关注和热议，社会各界对其评价褒贬不一。主要是在科学素质基准的内容选择上，如某些条目存在错误或不准确、不严谨之处，某些说法本身存在很大争议，远非学术界的共识，甚至与现代科学认识有明显的冲突，有些内容是日常生产生活应该具备的常识或技能，与科学并没有直接的关系，不宜纳入科学素养等。因此，在水素养基准制定过程中，我们要准确把握水素养的本质以及水素养基准的定位，非常审慎地确定基准的内容。

合理确定基准的实现形式。以科学素质基准为例，我国《全民科学素质行动计划纲要（2006—2010—2020年）》针对四类重点人群开展科学素质行动计划。这四类人群包括未成年人、农民、城镇劳动人口、领导干部和公务员，并针对这四类人群分别提出不同要求，但基准的要素结构应大体上一致，可以对不同的人群要求不一致，体现程度上有所差别，也可以根据建设的不同阶段分别提出公民科学素质的长期、中期和近期目标。

二、中国公民健康素养

（一）制定的背景和意义

健康是人全面发展的基础，是经济社会发展的必要保障和重要目标，也是人民群众生活质量改善的重要标志。健康素养是指个人获取和理解健康信息，运用这些信息维护和促进自身健康的能力。20世纪70年代，Smonds在国际健康教育大会上提出了“健康素养”的概念，至此，健康素养作为一个独立的概念进入人们的视野，但相关研究直到20世纪90年代后才逐步开始并日益广泛深入，其内涵也不断得到丰富和发展。最早的研究主要是以医疗环境为背景，以医生和患者为对象，将如何提升医生在紧张环境下快速诊断病情的能力为主要研究目的，认为健康素养高低与病患自身水平高低有关，自身水平主要受教育程度和文化水平的影响，要关注健康教育及其信息化，一定程度上将提高公共健康素养作为卫生保健和预防疾病的有力措施。之后，一些发达国家对健康素养的研究和推广取得了重大进展，有力地促进了相关研究和有关国家重大卫生政策的出台。如2004年美国医学研究院发布关于健康素养的研究报告，2005年在曼谷举行的第六届世界健康教育大会上通过了“健康促进曼谷宪章”，并把提高人们的健康素养作为健康促进的重要行动和目标，美国的《健康人民2010》将健康素养作为公民健康目标。

我国在全面建设小康社会和构建社会主义和谐社会的进程中，高度重视提高全民健康素质，坚持以人为本和为人民健康服务的根本宗旨，大力开展健康教育与健康促进工作，在传播健康知识的同时，更加关注人民群众维护健康的内在动力和基本能力，注重发挥人民群众促进健康的潜能。特别是我国疾病负担沉重，并且随着经济全球化和我国工业化、城镇化以及环境变化，影响健康的因素越来越多。而要解决这些突出的健康问题，提高全民健康素养是依靠群众促进健康的最具普惠性、最具成本效益的预防措施。颁布中国公民健康素养基准，有助于指导和帮助群众在日常生产生活中正确处理经常遇到的生理、心理和环境等问题，养成健康的行为习惯和生活方式，促进人民群众通过提高健康素养自觉地维护自身健康。因此，健康素养是经济社会发展的综合反映，提高人民群众的健康素养是应对慢性病和传染病的主要方法，是提升全民健康水准的有效路径。具备健康素养的人越多，在日常生活中越能够维持自己的健康状况，参与到社会活动中的人也就越多，能够为社会生产更多的物质和精神价值。同时，它也是作为个体必备的素质修养，身体心理素质越高越有利于其他素养的产生、发展和提升，在知识、信念和行为各个方面都能影响到周围人群，改变他人的不良生活方式，从而在周围环境中形成旋转向上的良性循环。

（二）制定过程和主要内容

我国健康素养的研究起步较晚，1989 年在北京开展首次抽样调查。2007 年 1 月，卫生部组织医疗卫生领域专家研究制定《中国公民健康素养——基本知识与技能》，于 2008 年 1 月首次以政府公文形式发布。

2014 年，原国家卫生和计划生育委员会（以下简称“原国家卫生计生委”）根据“总体框架保持不变，更新完善，查漏补缺”的原则，先后组织了近百名专家，经过专家论证、严格循证、广泛征求意见等工作环节，历时 1 年多，最终完成了修订工作。2015 年 12 月 30 日，原国家卫生计生委办公厅印发了《中国公民健康素养——基本知识与技能》（2015 年版），提出了现阶段我国城乡居民应该具备的基本健康知识和理念、健康生活方式与行为、健康基本技能，是各级卫生计生部门、医疗卫生专业机构、社会机构、大众媒体等向公众进行健康教育和开展健康传播的重要依据。与 2008 年相比，《健康素养 66 条》（2015 年版）重点增加了近几年凸显出来的健康问题：如精神卫生问题、慢性病防治问题、安全与急救问题、科学就医和合理用药问题等。此外，还增加了关爱妇女生殖健康，健康信息的获取、甄别与利用等知识。

《中国公民健康素养——基本知识与技能（2015 年版）》分为基本知识和理念、健康生活方式与行为、基本技能三个部分，以健康理念和行为为切入点，确定了 66 条可通过健康教育干预、针对公众健康生活方式的基本知识与技能。

第一部分是基本知识和理念，包含 25 条内容。基本知识和理念是健康素养形成的基础，掌握基本的知识和理念，正确了解我们所面临的一系列健康问题，处理好公民身体健康与社会发展的关系。基本知识和理念提示人们健康不仅是无疾病、不虚弱，还涉及身体、心理和社会适应三个方面。基本知识和理念涵盖的内容非常广泛，不仅包含健康生活方式、保健食品、环境、献血、正常血压、注射和输液、疫苗、急救、农药和药品、病残人员管理等知识，还包含了职业病、肺结核、艾滋病、乙肝和丙肝、蚊子等引发的传播疾病、癌症早期信号、流感等日常常见疾病的知识，特别是对肺结核疾病的传播、早期诊断和治疗都进行了详细的介绍。心理疾病相关知识也是基本知识和理念所包含的重要内容，每个人一生中都会遇到各种心理卫生问题，重视和维护心理健康非常必要。

第二部分是健康生活方式与行为，包含 34 条内容，目的是让人们掌握健康的生活方式与行为，并将健康的生活方式与行为融入日常生活，从而促进人们的身体健康。健康生活方式，是指有益于健康的习惯化的行为方式。主要包括：生活方面，日常清洁、保持正常体重、生病及时就医、不滥用抗生素、咳嗽和打喷嚏的正确方式、开窗通风、拒绝毒品、体检、系安全带（戴头盔）、不超速、不酒后驾车、安全合理地使用农药、预防煤气中毒等方式和行为。没有不良嗜好，例如酗酒、在公共场合抽烟、滥用镇静催眠药和镇痛剂等成瘾性药物。环境卫生方面，如使用卫生厕所、病死禽畜的处理、家养犬接种狂犬病疫苗等正确的行为方式。饮食和饮水卫生方面，如饮水安全、合理膳食、生熟食品的存放与加工、变质和过期食品的处理、食用合格碘盐等行为和方式。妇女儿童方面，怀孕后的孕检和分娩、婴儿的喂养、儿童和青少年的用眼习惯、孩子出生后的疫苗接种、预防儿童溺水等方式和行为。

第三部分是基本技能，是公民具有了基本知识和理念、健康生活方式与行为之后所采取的解决各种健康问题的行动，目的是让人们掌握健康基本技能，能够识别对健康有害的因素，并在自己或者他人的健康受到损害后掌握自救或解救他人的能力。这部分主要包含 7 条内容：需要紧急医疗救助时拨打 120 急救电话；能看懂食品、药品、化妆品、保健品的标签和说明书；会测量腋下体温；会测量脉搏；会识别常见的危险标识，如高压、易燃、易爆、剧毒、放射性、生物安全等，远离危险物；抢救触电者时，不直接接触触电者身体，会首先切断电源；发生火灾时，会隔离烟雾、用湿毛巾捂住口鼻、低姿逃生，会拨打火警电话 119。

《中国公民健康素养——基本知识与技能（2015 年版）》发布后，原国家卫生计生委将进一步推出《健康素养66条》（2015年版）的释义，供各级卫生计生部门、医疗卫生专业机构、社会机构、大众媒体等向公众进行传播。各级卫生计生专业机构也将以此为依据，进行相关科普读物、视频、健康教育读本的开发和制作，充分利用现有传播技术和资源，通过多种途径向公众传播通俗易懂、科学实用的健康知识和技能，切实提高公众健康素养水平。

（三）宣传推广及成效

2008年1月，原卫生部第3号公告向社会发布了《中国公民健康素养——基本知识与技能（试行）》。为推进健康素养促进行动，制定《中国公民健康素养促进行动工作方案（2008—2010年）》，在全国范围内开展以“健康素养，和谐中国”为主题的中国公民健康素养促进行动。

全国开展健康素养监测。从2008年起，在全国开展健康素养监测，逐步建立起连续、稳定的健康素养监测系统。推进信息化建设，逐步建立健康素养监测网络直报系统，完善试题库和数据库，推广健康素养网络学习测评系统。根据2012年的监测结果，我国居民基本健康素养水平为8.80%，还处于较低水平。在此基础上，国家卫生健康委员会制定了《全民健康素养促进行动规划（2014—2020）》（以下简称《行动规划》）。《行动规划》指出，主要举办以下活动推广健康素养和提高我国城乡居民健康素养水平。

大力开展健康素养宣传推广。原国家卫生计生委组织修订《中国公民健康素养——基本知识与技能（试行）》及其释义，会同国家中医药管理局共同发布《中国公民中医养生保健素养》。针对影响群众健康的主要因素和问题，建立健康知识和技能核心信息发布制度，完善信息发布平台，加强监督管理，及时监测纠正虚假错误信息。建立居民健康素养基本知识和技能传播资源库，打造数字化的健康传播平台。

组织开展健康中国行系列活动。每年选择一个群众反映强烈的突出公共卫生问题作为活动主题。各地与大众媒体建立长期协作机制，通过设立健康专栏和开办专题节目等方式，充分利用电视、网络、广播、报刊、手机等媒体的传播作用。建立一支权威的健康科普专家队伍，组织开展健康巡讲等活动。针对妇女、儿童、老年人、残疾人、流动人口、贫困人口等重点人群，开展符合其特点的健康素养传播活动。推进卫生计生服务热线建设，打造健康科普平台，传播健康知识，回应群众关切，服务百姓健康。启动健康促进县（区）、健康促进场所和健康家庭建设活动。各级卫生计生行政部门充分发挥国家基本公共卫生服务项目和中央补助地方健康素养促进行动项目的带动作用，落实基本健康教育服务，在城乡基层大力普及健康素养基本知识和技能。

全面推进控烟履约工作。积极履行世界卫生组织《烟草控制框架公约》，落实有效的控烟措施。全面推行公共场所禁烟，努力建设无烟环境，推进全国无烟环境立法和执法工作。深入开展全国建设无烟卫生计生系统工作，发挥卫生计生系统示范带头作用。加强控烟宣传教育，创新烟草控制大众传播的形式和内容，提高公众对烟草危害的正确认识，促进形成不吸烟、不敬烟、不送烟的社会风气。开展戒烟咨询热线和戒烟门诊等服务，提高戒烟干预能力。

随着健康素养的推广，2019 年，国家卫生健康委在 31 个省（自治区、直辖市）336 个县区级监测点开展全国居民健康素养监测。结果显示，我国居民健康素养总体水平稳步提升，2019 年达到 19. 17%，比 2018 年提升 2. 11 个百分点。2019 年全国城市居民健康素养水平达到 24. 81%，农村居民水平为 15. 67%，较 2018 年分别提升 2. 37 和 1. 95 个百分点。东部地区居民健康素养水平为 24. 60%，中部地区为 16. 31%，西部地区为 14. 30%，较 2018 年分别提升 2. 53、2. 80 和 1. 07 个百分点。

（四）主要启示

健康是促进人全面发展的必然要求，是经济社会发展的基础条件。实现国民健康长寿，是国家富强、民族振兴的重要标志，也是全国各族人民的共同愿望。自 2008 年原卫生部首次发布了《中国公民健康素养——基本知识与技能（试行）》至今，我国公民的健康素养得到了较大提升。同样，水是生命之源，也是现代人类社会发展的重要血脉。我国公民水素养的提升对水资源节约和水资源保护具有重大的意义。借鉴中国公民健康素养的制定和实施过程，对于水素养研究以及水素养基准的制定具有重要的参考价值。

要保证水素养基准具有全面性。中国公民健康素养主要内容包括三个维度：基本知识和理念、健康生活方式与行为和基本技能。每一条内容都是经过仔细推敲论证，涵盖了生活各个方面，突出重点问题。在公民水素养制定过程中，应从不同维度进行考虑，每一条基准都应进行反复推敲和论证，使制定出的基准更加科学。

要保证所制定的水素养基准具有发展性。随着时代发展，人们的健康问题在慢慢发生改变，“健康素养”在 2015 年进行了修订。2015 年 12 月 30 日，原国家卫生计生委办公厅印发了《中国公民健康素养——基本知识与技能

（2015年版）》，重点增加了近几年凸显出来的健康问题，更符合当代人的需要。公民水素养基准也应随着时代发展关注新增的突出问题，经过专家论证、严格循证、广泛征求意见等工作环节，制定出更科学、更符合当代人发展需要的公民水素养基准。要在全国开展水素养监测，逐步建立起连续稳定的水素养监测系统。实施全民水素养促进行动，满足人民群众的需要。建立政府主导、部门合作、全社会参与的全民水素养促进长效机制和工作体系，全面提高我国公民的水素养水平。

要保证所制定的水素养基准通俗易懂。原卫生部在出台公民健康素养基准的同时，组织专家编写了《中国公民健康素养——基本知识与技能释义》（以下简称《释义》），对健康素养的66条内容分别做了简明扼要的阐释。《释义》的出版，为各级卫生部门和广大医疗卫生工作者提供了把握健康素养基本内容的范本。充分了解和利用这个范本，有助于指导和帮助群众在日常生产生活中正确处理经常遇到的生理、心理和环境等问题，养成健康的行为习惯和生活方式，促进人民群众通过提高健康素养自觉地维护自身健康。公民水素养基准出台后，对其进行释义，为各级水行政部门和广大水利工作者提供把握水素养基本内容的范本。利用这个范本为群众的日常生活提供帮助和指导，养成水资源利用、节约和保护的行为习惯和生活方式，促进人民群众正确地对待水资源。

三、其他素养借鉴

（一）学生发展核心素养的研究与启示

1. 核心素养概述

学生发展的核心素养主要指学生应具备的、能够适应终身发展和社会发展需要的必备品格和关键能力。提升学生发展核心素养是落实立德树人根本任务的一项重要举措，是连接宏观教育理念、培养目标与具体教育教学实践的中间环节，也是适应世界教育改革发展趋势、提升我国教育国际竞争力的迫切需要。中国学生发展核心素养以培养“全面发展的人”为核心，分为文化基础、自主发展、社会参与三个方面，综合表现为人文底蕴、科学精神、学会学习、健康生活、责任担当、实践创新等六大素养，具体细化为国家认同等18个基本要点。各素养之间相互联系、相互补充、相互促进，在不同情境中整体发挥作用。可以根据这一总体框架，将教育方针转化为教育教学实践可用的、教育工作者易于理解的具体要求，明确学生应具备的品格和关键能力，并且针对学生年龄特点进一步提出各学段学生的具体表现要求。

2. 研究过程

21世纪初，经济合作与发展组织（OECD）关注未来学生应该具备哪些最核心的知识、能力与情感态度才能成功地融入未来的社会问题，率先提出了“核心素养”结构模型。之后，许多国家和地区都开展了相关领域的研究工作。如美国对核心素养的关注起源于注重知识创新的高新企业团队，这些企业从用人所遇到的问题反馈到教育中，指出基础教育要注重培养学生的哪些能力和素质，他们称之为“技能”。这些技能不是简单、具体的，而是21世纪必需的生存技能，是当今社会每个人都应掌握的内容。再如从2009年起，日本国立教育政策研究所启动了为期5年的“教育课程编制基础研究”，关注“社会变化的主要动向，以及如何有效地培养学生适应今后社会生活的素质与能力，从而为将来的课程开发与编制提供参考和基础性依据”。从2005年开始，我国台湾地区启动了核心素养研究，并确立了专题研究计划。2016年9月，教育部颁布了《中国学生发展核心素养》，标志着“核心素养”在国内开始广泛推行。

我国核心素养的研究与开展，主要采取自上而下与自下而上结合的整合型研究思路，组建课题组，整体设计研究方案，系统开展研究工作。通过基础理论研究，厘清核心素养的概念内涵与理论结构，准确把握核心素养的价值定位。开展国际比较研究，分析比较15个国际组织、国家和地区核心素养研究的程序方法、指标框架和落实情况。通过教育政策研究，梳理不同时期党和国家对人才培养的总体要求。开展传统文化分析，揭示中华优秀传统文化中修身成德的思想和传统教育对人才培养的要求。开展课程标准分析，了解现行课程标准中的核心素养相关表述，明确课标修订任务。同时，通过开展实证调查研究，访谈了12个界别的608名代表，问卷调查了566名专家学者、校长和企业家等，汇总形成约351万字的访谈记录和大量调查数据，深入了解社会对人才的需求，准确把握各界对核心素养的期待，为建构符合国情特点和现实需要的学生发展核心素养框架提供实证依据。此后，又召开征求意见会20余次，认真听取专家学者、管理干部、教研人员、一线教师和社会人士的意见建议，对总框架初稿进行修改完善。

经过一年多的努力，研究人员提交了核心素养总框架初稿。2014年7月，教育部基础教育课程教材专家工作委员会对核心素养总体框架进行了审议。2014 年 8 月，教育部组织课程、教学、评价、教研、管理等方面专家，开展“核心素养与课程标准衔接转化研究”。重点基于核心素养总体框架，研究核心素养在课程标准中落实的方式方法。2015 年 1 月，审议了衔接转化研究成果，提出了核心素养的落实方式。其间还将核心素养初稿及研究报告送教育部有关司局和单位征求意见。同时，正式征求了全国各省级教育行政部门以及各省市教育学会和相关分支机构的意见。此外，还召开专题座谈会听取一线教育实践专家的意见。

3. 主要启示

精心开展研究，提出素养基准框架。在水素养基准研究过程中可以借鉴核心素养研究模式，厘清研究思路，整体设计研究方案，系统开展研究工作，为总框架的建构提供理论支撑。开展国际比较研究，使研究成果更具国际性，分析我国传统文化，使水素养根植于我国传统文化的土壤。访谈业界代表人物，并同时采取问卷调查的方式，对专家学者、企业家和一线工作人员等进行数据信息的收集，为构建符合我国国情特点、水情特点和现实需要的水素养基准提供实证依据。

开展转化研究，对接工作实施。水素养基准总框架提出后，应积极开展水素养基准落实方式研究工作。水素养基准提出后要让相关对象接受并融入日常生活中来，何种方式能让相关对象更容易接受并付诸实践，对落实方式方法的研究与制定显得尤为重要。

广泛征求意见，认真修改完善。为确保水素养基准的科学性和适宜性，水素养基准制定过程中应征求全国各省水行政部门的意见，并召开专题座谈会，听取一线专家和社会公众的意见，最后对水素养基准进行修改和完善。

注重时代性、强化民族性。着重强调中华优秀传统文化的传承与发展，把水素养研究植根于中华民族的文化历史土壤，系统落实社会主义核心价值观的基本要求，突出强调社会责任和国家认同，充分体现民族特点，确保立足中国国情，具有中国特色。

（二）信息素养的研究与启示

1. 信息素养概述

信息素养是人们对信息进行识别、获取、加工、应用、管理、创新的知识、能力以及情意等方面基本素质的总和。信息素养涉及各方面知识，是一个特殊的、涵盖面很宽的能力，包含人文、技术、经济、法律等诸多因素，和许多学科有着紧密的联系。其中，信息技术支持信息素养，通晓信息技术强调对技术的理解、认识和使用技能。而信息素养的重点是内容、传播、分析，包括信息检索以及评价，涉及面更宽泛。因此，它是一种了解、收集、评估和利用信息的知识结构，既需要通过熟练的信息技术，也需要通过完善的调查方法和鉴别与推理来完成。一个有信息素养的人能够认识到精确和完整的信息是作出合理决策的基础，能够确定信息需求，形成基于信息需求的问题，确定潜在的信息源，制定成功的检索方案，以包括基于计算机和其他的信息源获取信息、评价信息、组织信息并应用于实际，将新信息与原有的知识体系进行融合以及在批判思考和问题解决的过程中使用信息。从技术层面来讲，信息素养反映的是人们利用信息的意识和能力。从人文层面来讲，信息素养也反映了人们面对信息的心理状态，或说面对信息的修养。

目前，学者们从各个角度阐述对信息素养构成的认识，总体上可归结为信息意识、信息能力、信息知识、信息道德等方面，见表2-2。

表2-2　信息素养框架

信息素养	信息意识	对信息具有敏锐的感受力
		对信息具有持久的注意力
		对信息价值具有判断力
	信息能力	信息检索能力
		信息评价能力
		信息整合及创新能力
	信息知识	传统文化素养
		信息的理论知识
		现代信息技术及外语
	信息道德	信息交流与传递的目标与社会整体目标相一致
		遵循信息法律法规，抵制信息污染
		尊重知识产权和个人隐私

2. 研究过程

信息素养的概念，最早由美国信息产业协会主席Paul Zurkowski（1974）提出，他认为信息素养就是利用大量的信息工具及主要信息资源，利用信息的技术和技能使问题得到解答。其主要包括文化素养（知识层面）、信息意识（意识层面）和信息技能（技术层面）三个方面。1979 年，美国信息产业协会提出信息素养还包括人们知道在解决问题时利用的技术和技能的内涵，第一次从意识层面定义信息素养。1992 年，Burnhein Robert 概括了信息素养中基本技能和思考技能两个方面的内容。1998 年，全美图书馆协会和教育传播与技术协会制定了学生学习的九大信息素养标准。2001 年，美国大学与研究协会委员会制定了高等教育信息素养能力标准。

尽管我国对信息素养的研究起步较晚，但行动比较迅速。特别是随着全球信息技术高速发展，信息素养不仅是个人学习能力和终身发展的基础，更是国家现代化程度和国民竞争力的重要标志。2000 年 10 月，教育部召开全国中小学信息技术教育工作会议，颁布了《中小学信息技术课程指导纲要（试行）》《关于中小学普及信息技术的通知》和《关于在中小学实施校校通工程的通知》等重要的指导性文件，提出了信息技术教育的主要任务之一是培养学生良好的信息素养。自此，“中小学计算机教育”正式被改为“中小学信息技术教育”。会议还决定从 2001 年开始用 5 到 10 年的时间在全国中小学普及信息技术教育，并将信息技术课程列为中小学必修课。

2014 年，教育部启动了高中信息技术课程标准的修订工作，于 2018 年 1 月初印发了《普通高中信息技术课程标准（2017 年版）》，要求信息技术课要以培养学生的信息素养为目标，强调信息技术与学科教学整合，倡导有利于培养学生信息素养的教学方式和评价方式的运用。2016 年，世界教育创新峰会联合北京师范大学中国教育创新研究院，共同发布了《面向未来：21 世纪核心素养教育的全球经验》研究报告。报告中指出信息素养是 21 世纪全球公民核心素养的重要组成部分。2018 年 4 月，教育部出台了《教育信息化 2.0 行动计划》，强调要全面提升师生信息素养，信息素养被写入国家层面的教育信息化规划。

3. 主要启示

素养的形成是一个从认知到行为的过程。这个过程涉及“知、情、意、行”的相互作用。信息素养具有知识性、普及性及操作性等特点，知识性是一个承前启后的环节，是信息素养的重要内容；普及性体现在在信息社会中具备信息素养属于公民的基本素质；操作性是人们在处理和运用信息时，在技术、诀窍、方法和能力等方面表现出来的素养。

水素养的研究过程可结合信息素养的特点，遵循水素养形成过程的基本特点。水知识对人的水素养水平影响取决于水知识的广度、深度和对知识的运用能力；水知识的广度能够提高对涉水信息的敏感程度，有利于从纷繁杂乱的信息中建立有机的联系；水知识的深度能够提高对涉水信息的筛选和跟踪能力；运用水知识的能力能够提高对涉水信息的改造能力，信息只有成为知识后，传播才会更加有效，利于知识的提升。水是生命之源、生态之基和生产之要，我国又是一个严重缺水的国家，公民具备水素养属于公民的基本素质，同信息素养一样具备普及性。信息素养操作性是人们在处理和运用信息时，在技术、诀窍、方法和能力等方面所表现出来的素养，相对于信息素养的操作性，水素养可以体现在水行为和水技能中，而且所有内容最终表现在人们的水行为及水技能上。

（三）职业素养的研究与启示

职业素养是人类在社会活动中需要遵守的行为规范，公民处在不断学习和实践的过程中。在这一过程中升华自我，素养在这一过程中形成并发展，进而逐渐完善。职业素养包含以下四个方面：职业道德、职业思想（意识）、职业行为习惯、职业技能。职业道德在内容上存在专业性，总能旗帜鲜明地体现出不同行业的独有特性；但所有行业的职业道德都包含该行业从业人员应承担的义务、责任和遵循的准则，并着重强调该行业从业者的道德品德与行为。职业意识有社会共性的，也有行业或企业相通的。它是每一个人从事所工作的岗位的最基本，也是必须牢记和自我约束的。职业行为习惯就是在职场上通过长时间地学习—改变—形成，最后变成习惯的一种综合素质。职业技能是做好一个职业应该具备的专业知识和能力。

在职业素养四个方面中，职业道德是基石，是人才得以健康成长的最基本要素；职业意识、职业技能和职业行为习惯，均建立在职业道德良好的基础之上。职业意识的增强相对较为简单，职业技能是职业院校培养学生的重点，占用最大部分的学习时间，学生接受职业技能培训的同时，职业道德和职业意识也得到强化。

素质冰山理论认为，个体的素质就像水中漂浮的一座冰山，水上部分的知识、技能仅代表表层的特征，不能区分绩效优劣。水下部分的动机、特质、态度、责任心才是决定人的行为的关键因素，才能有效鉴别绩效优秀者和一般者。根据这一理论可将职业素养分为显性职业素养和隐性职业素养。隐性职业素养是看不见的、隐藏的职业素养，与显性职业素养一道，共同构成了一个人的综合职业素养。其中职业技能和职业行为属于显性职业素养的范畴，可以通过学历、技能等级的高低进行衡量和考核。职业意识、职业道德、职业态度则属于隐性职业素养的范畴，尽管无法通过显性的手段去加以测量和体现，但却至关重要，甚至起到决定性作用。这一范畴对于我们理解水素养结构、制定水素养基准具有重要的借鉴价值。

第三章　基于定性方法的公民水素养基准制定研究

公民水素养基准的目标群体是我国普通公民，内容应为我国公民所遵循的关于水素养的基本标准。研究过程中要避免“先入为主”，应当秉持“自下而上”的研究思路，通过多种途径收集关于水素养基准制定的研究资料。定性研究方法秉承“自下而上”的中心思想，通过多种渠道收集相关资料，使用归纳法对资料进行分析，最终形成理论。主要包括叙事研究、现象研究、扎根理论、民族志研究和个案研究五种研究方法。通过比较各研究方法的特点，结合本研究需要，最终选择扎根理论的定性研究方法来探究公民水素养基准。

第一节　定性研究方法与研究资料

一、扎根理论概述

扎根理论（Grounded Theory）作为质性研究中的一种研究方法，注重从原始资料中提取概念和范畴，在对资料进行分析时又结合量化研究的方法，最终建构新的理论。扎根理论研究方法将质性研究和量化研究的优点结合起来，这种方法被越来越多的学者研究使用。扎根理论最早出现在美国社会学家巴尼·格拉泽和安塞尔姆·施特劳斯在医院的一项研究中。他们一起研究了医院中的死亡过程，建构关于死亡过程的分析时，形成了系统的方法论策略，其他社会学家发现使用这种策略可以对很多问题进行研究，而后两位社会学家共同创作了《扎根理论的发现》（*The Discovery of Grounded Theory*），该书的发行，将扎根理论彻底带入了人们的视野。

扎根理论是一种质性研究方法，指通过收集、整理、归纳和分析质性数据，扎根于数据，从而建构理论的方法。扎根理论这种方法由下扎根、逐步向上归纳，通过逐字逐句的“编码”，将参与观察资料或深度访谈等资料分解并概念化，然后再建立理论，而非验证假设或既有理论，也就是着重发现的逻辑而非验证的逻辑。扎根理论系统化的资料记录分析历程包括开放性编码、主轴性编码和选择性编码三个步骤。

具体步骤如图 3-1 所示。

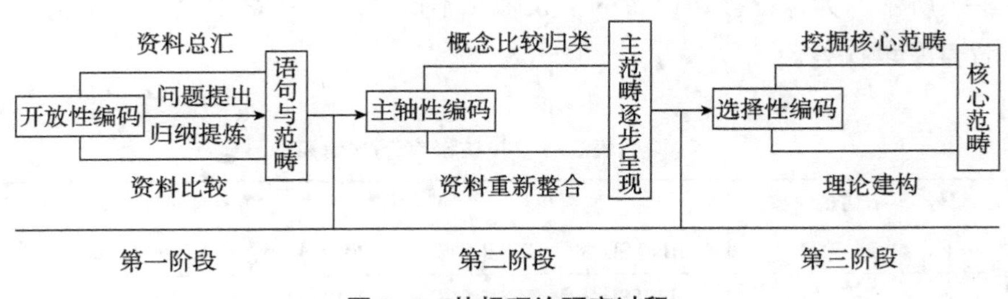

图 3-1 扎根理论研究过程

二、研究数据收集

扎根理论的研究思想是通过收集资料，扎根于数据来建立理论。广泛的资料收集是扎根理论研究的基础。因此，资料收集要全面，资料收集的方式也有很多种。本书主要通过以下五种途径收集与公民水素养基准相关的资料。

（一）中外期刊、硕博论文收集

通过中国知网以及外文数据库，检索与水相关的关键词，具体检索包括节水行为、用水行为、水技能、水教育、水情、水情教育、水文化、水文化教育、水伦理、水责任、水关注、水知识、水科学、水科学知识、水环境、水资源知识等关键词。最终得到相关期刊论文共计 747 篇，相关硕博论文共计 117 篇，论文总计 864 篇。

（二）访谈资料收集

本研究通过对特定对象的深度访谈，获取质性分析的原始资料。研究采用开放式访谈提纲，其中大部分访谈由研究者本人主持，一部分由课题组其他成员完成。访谈方式均为面对面访谈，访谈中使用录音笔进行录音。访谈过程中首先选择本校相关学者进行访谈，目的在于对访谈提纲的修正与完善，通过对3位校内学者的深度访谈以及数次的讨论，最终确定访谈提纲（详见附录1）。然后选择中高层水利工作人员和相关领域专家教授作为访谈对象，保证访谈资料的丰富性和有效性。最终访谈水利工作人员共计11位，访谈相关领域专家9位，具体访谈时长因访谈对象的不同也存在差异，访谈时长在30~80分钟，将访谈录音文件转录为文字，文字稿共计24.6万字。具体被访谈者信息如表3-1所示，为保证被访谈者的个人隐私不被泄露，本表中个人基本信息均以拼音首字母代替。

表3-1 被访谈者基本信息

编号	访谈对象	所属单位	访谈时间	访谈者
1	XR	HBSLSD 大学 GLYJJ 学院	2019.4.26，15：00-16：07	ZBB
2	LYL	HBSLSD 大学 GLYJJ 学院	2019.4.29，11：00-11：43	ZBB
3	WYR	HBSLSD 大学 GLYJJ 学院	2019.5.05，10：00-11：16	ZBB
4	HHS	HBSLSD 大学 GLYJJ 学院	2019.5.12，17：30-18：23	ZBB
5	WWB	HBSLSD 大学 GLYJJ 学院	2019.5.15，15：30-16：50	TK
6	LJ	GJ 水利部	2019.6.05，21：00-21：57	ZBB
7	LGZ	FJS 水利厅	2019.6.26，14：45-15：22	ZBB
8	SZG	AHS 水利厅	2019.6.26，15：30-16：02	ZBB
9	CJ	CJ 水利委员会	2019.6.26，15：30-16：25	TK
10	CM	CQS 水利局	2019.6.26，15：30-16：32	FH
11	ZQ	LS 水利委员会	2019.6.26，17：00-17：37	ZBB
12	ZGY	ZJ 水利委员会	2019.6.27，18：00-18：30	ZBB
13	ZJX	GJ 水利部	2019.6.27，18：00-18：30	TK
14	SXQ	HNS 水务厅	2019.6.27，21：00-21：31	ZBB
15	SZP	GJ 水利部	2019.6.27，21：30-22：04	TK
16	YF	ZJ 水利委员会	2019.6.28，12：50-13：30	ZBB
17	WP	SXS 水利厅	2019.6.28，12：50-13：30	TK
18	ZHF	HBSLSD 大学 SWH 研究中心	2019.7.02，10：10-11：30	TK
19	ZQN	HBSLSD 大学 SWH 研究中心	2017.7.02，11：30-12：10	TK
20	CHJ	HBSLSD 大学 WGY 学院	2019.7.02，14：00-14：50	ZBB

续表

编号	访谈对象	所属单位	访谈时间	访谈者
21	JLS	HBSLSD 大学 SXYTJ 学院	2019. 7. 02，15：00–15：30	ZBB
22	XCD	HBSLSD 大学 SL 学院	2019. 7. 04，9：45–10：26	ZBB
23	GHB	HBSLSD 大学 GLYJJ 学院	2019. 7. 05，10：00–11：04	ZBB

（三）图书资料收集

收集相关图书资料，参阅图书具体内容，获得相关图书文字资料，具体包括《水知识读本》（小、初、高各一册）、《节约用水知识读本》、《生命之水》、《公民水素养理论与评价方法研究》等相关图书资料，共计 75. 4 万字。

（四）政府文件资料收集

通过访问国家水利部官方网站以及直属单位、地方水利网站，获得相关文字资料，具体包括相关新闻发布会文字稿、相关管理制度及条例等，共计 8. 3 万字。

（五）网络资料收集

收集相关非官方网络资料，具体包括相关学者上传至百度文库、豆丁网等文库的相关资料，媒体发布相关资料，以及相关微信公众号例如“水利部发展研究中心”官方公众号等发布的相关文章资料，共计约 1. 3 万字。

第二节　编码过程

在使用扎根理论制定公民水素养基准过程中，我们对数据进行深入分析。整理完所收集数据后，我们对所有数据进行初步的分析，所有文字资料均需要浏览一遍，剔除无效数据资料，仅对有用数据资料进行编码。借助质性分析软件 Nvivo12. 0，将所有初步整理所得原始资料文字数据导入软件，进行词频检索，以了解所收集文献及其他资料中出现频率较高的词条分布情况，得到结果如图 3–2 所示，其中词条字体越大且越靠近中间位置，则代表该词条出现频率越高。

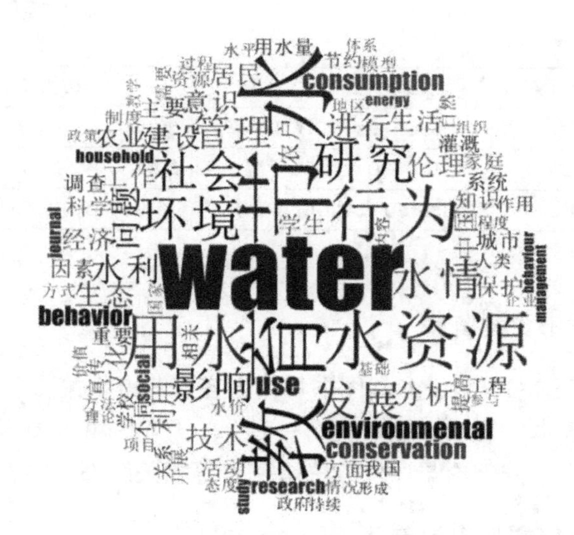

图 3-2 资料高频词条分布情况

对原始资料进行细致深入的剖析和编码，是扎根理论研究方法的基础与核心。本书采用软件编码和人工编码两种方式对原始资料进行编码，软件编码采用目前研究领域应用较为广泛、最新版本的质性分析软件 Nvivo12.0。综合运用这两种编码方式，不仅能保证数据资料在编码过程中搜索、存储和分类的高效性、快捷性和准确性，也可将研究者自身的思考、意向带入到研究中。做好相关准备后，进入到扎根理论的核心步骤——编码阶段，该过程共包括三个阶段，具体分析过程依次为开放性编码、主轴性编码和选择性编码。

一、开放性编码

开放性编码是分析资料的第一步，也是整个编码过程中最为重要的一步，该阶段主要包括两个步骤：

（一）概念化

第一步是对原始资料进行逐句编码。将原始资料分类、比较、检索并且进行初步概念化操作过程。在这个过程中，研究者将所整理的资料进行分类和理解，对原始数据进行逐行逐句编码，尽量多地对资料进行概念化处理。但是，初步概念化的过程并非一蹴而就，而是应在原始资料、参考文献、已有概念和类属间不断比较、循环往复论证的基础上，更加客观、准确地反映研究现象的本质和规律。

在对资料进行初步概念化的过程中要把握好扎根理论研究方法中的几个原则：首先要保证真实性，一定尽量保持资料本身蕴含的意义，在进行编码过程中不可扩大内涵对数据本身进行外延，也不可缩小内涵对数据进行省略；其次要保证流畅性，一定要将某些口语化的原始资料进行整理翻译，转录为书面化的语句，不可直接将口语化语句直接概念化为相对应节点，要保证概念化的节点语句是通顺流畅的；最后要保证独立性，即对原始资料进行编码时，要尽量保证所得到编码节点的内涵相对独立，尽量避免编码节点重复。具体的初步概念化编码过程较为复杂且内容较多，因此这里对不同资料获取方式各选取部分数据进行示例编码，示例编码过程如表 3-2 所示。

表 3-2　原始数据示例编码过程

编号	来源	原始数据示例	开放性编码 初步概念化
WX001	文献资料	自己的日常行为的节水习惯。在洗脸的时候，“直接对着水龙头冲洗”的学生占了一半，而统计表明，用脸盆接水洗脸比对着水龙头冲洗要节约的多。“洗脸用盆接水后，关了水龙头再洗，这样只需要 0.5 升水；而如果让水龙头开着 5 分钟，则要浪费 4.5 升水。”有部分大学生要么把水量“开到最大”，要么使水龙头一直开着。“用过的洗脸水”59.0%的大学生会选择直接倒掉。面对大量漏水的厕所冲水器，约有一半的大学生回答“马上找人修理”，“认为该修，但经常由于疏忽而忘记”的有 41.1%。但学校公寓维修部反馈：大学生及时维修的意识很高，但是行动常常跟不上意识，“马上找人维修”的人数还要“缩水”。（来源：王忆，廖昕．当代大学生节水意识及其培养［J］．法制与社会，2008（6）：214-215.）	洗漱时不要将水龙头始终打开，应该间断性放水，避免直流造成浪费；当发现水管爆裂、水龙头破坏等漏水现象时要及时向相关人员反映
FT001	访谈资料	访谈者：您认为除去书本上的这些知识，还应该有哪些需要知道或者了解关心的？ 被访者：我觉得更多被普通老百姓所关心的，一个是水质，一个是水价，我觉得这两点可能是比较重点的，或者比较关键的。第一个水质，我们希望用水是能够满足基本的生活需	能根据气味和颜色等物理特征初步识别有害水体；了解当地水价及相关水价政策

续表

编号	来源	原始数据示例	开放性编码 初步概念化
FT001	访谈资料	要，比如说喝的水要干净，正常情况下人们会通过观察水的颜色气味等来直观地判断水质，用的水不要有太多的杂质，水的质量要符合要求。第二个就是水价，在满足质量的情况下，人们关心的就是价格，水价的高低，不同人的敏感程度是不一样的，收入的差异或者年龄的差异，对敏感度都会有影响。所以不同的人群，或者不同的地区在定水价的时候也是有差异的，我认为对于一般人来说，对水知识的认识或了解，从生活的角度来讲水价和水质会更重要一些。（来源：WWB，HBSLSD 大学 GLYJJ 学院，2019.5.15，15：30-16：50）	能根据气味和颜色等物理特征初步识别有害水体；了解当地水价及相关水价政策
FT007	访谈资料	访谈者：您认为普通公民在生活中，在家庭中，哪些行为能起到节水或者爱水、护水的作用？ 被访者：在家庭生活中，阳台上的水龙头接的是雨水网而不是污水网，建议阳台上不要放洗衣机，因为洗衣服后有大量排放，如果放雨水网，就变成雨污合流了。关于循环用水，洗衣服后的水可以用来浇花、拖地，淘过米的水可以用来洗菜。另外让我印象比较深的，《开讲了》节目上过一个水科学领域的院士，他曾举过一个例子，就是他在洗澡的时候从来只用淋浴，而且洗头发时会关掉淋浴，体现出了很强的节水意识。（来源：YF，ZJ 水利委员会，2019.6.28，12：50-13：30）	知道如何回收并利用雨水；如果能够一水多用和循环用水，例如淘米水浇花、洗衣水拖地等；洗澡时尽量使用淋浴，搓洗香皂或沐浴液时要及时关闭淋浴头
TS001	图书资料	三、中国现代著名的水利工程 1. 三峡水利枢纽工程 建成于 21 世纪初的中国三峡工程是世界上最大的水利枢纽，工程位于湖北省宜昌市上游 40 千米的三斗坪。三峡工程的主要建筑物分三大部分： （1）宏伟的大坝。大坝是挡水泄洪建筑物…… （来源：王浩．水知识读本（高中适用）[M]．北京：中国水利水电出版社，2011：60-62.）	了解我国现代水利工程

续表

编号	来源	原始数据示例	开放性编码 初步概念化
ZF001	政府文件	中央广播电视总台央广经济之声记者：当前水资源利用率不高的情况比较突出，农业、工业、城镇生活用水浪费的情况也比较突出。针对此类问题，请问水利部有何具体措施，如何加强监管？谢谢。 WSZ：中国是缺水国家，尤其是北方地区，缺水更加严重。所以我们一定要走绿色发展、节约用水的道路，习近平总书记提出“节水优先”思路，就是指水资源开发利用一定要把节水放在最优先的位置。要按照习近平总书记提出的“节水优先、空间均衡、系统治理、两手发力”治水方针，落实党的十九大报告中提出的国家节水行动的各项要求，认真总结国内外节水的良好经验做法，综合施策，要坚决遏制部分领域用水浪费的行为。一是农业节水增效。要优化调整作物的种植结构，实施灌区节水技术改造，大力推广、推进高效节水灌溉，包括灌区现代化改造。二是工业节水减排，加快实施高耗水行业节水改造，推广国家鼓励的先进节水工艺、技术和设备，提高工业用水的重复利用率。昨天我看网上报道，北京市中水回用标准就很高。我也看到，北京某工业区某企业是做显示屏的国际领先企业，一方新鲜水都没有用，全用的中水，照样能生产出高端的产品。这说明工业节水减排…… （来源：国新办——“坚持节水优先，强化水资源管理”新闻发布会文字稿；时间：2019.03.22，11：18：55）	知道我国是缺水国家，水资源短缺；知道“节水优先、空间均衡、系统治理、两手发力”的新时期治水思路；了解农业节水技术；了解工业节水技术；了解再生水（中水）的定义，能够做到中水回用
WL001	网络资料	美国家庭用水主要有三大块，包括卫浴用水、洗衣用水和厨房用水，其中卫浴和洗衣占到家庭用水总量约三分之二。为了达到节约用水的目的，美国环保署提醒大众，卫生间节水的办法有：勿开着水龙头刮胡子和刷牙；尽量缩短淋浴时间；打肥皂和抹香波的时候关上水龙头；勿把马桶当成垃圾桶；盆浴时浴缸半满就可以。厨房节水的办法有：把水果和蔬菜放在盆里洗；勿用水解冻食品；洗碗机满负荷使用，并根据负荷调整水量；用手洗碗时，在洗涤槽内充水漂洗。环保署还指出，洗衣机满负荷使用时用水最省，另外要根据衣服多少调节水量。	洗漱时不要将水龙头始终打开，应该间断性放水，避免直流造成浪费；尽量不使用水解冻食品；清洗餐具、蔬菜时可用容器接水洗涤而不是用大量

续表

编号	来源	原始数据示例	开放性编码 初步概念化
WL001	网络资料	日本的每个家庭在日常生活中，都非常注意从细节入手做到节约用水。例如，当洗完菜后要注意先关水龙头，然后再把菜放好，而不是先把菜放好再来关水龙头；做油炸食物后锅里沾满了油，洗起来很费水，要先用纸把油擦净后再用水洗，这样既可以节约用水，又可以减少对水源的污染。日本的许多企业也开发了一系列适合家庭使用的节水产品，例如，有的洗碗机从各个角度喷出细细的水流，用水量仅为用手洗碗的几十分之一；有的洗衣机滚筒上方呈斜面，可节约用水 50%。（来源："水利部发展研究中心"官方微信公众号；时间：2019. 07. 04）	水进行冲洗；清洗油污过重的餐具时可先用纸擦去油污，然后进行冲洗；使用节水的生活器具，如新型节水马桶、节水龙头等

如表 3-2 所示，对原始数据进行编码，在对资料进行初步概念化过程中，一定要把握上述原则，同时牢记已经创建的节点，尽量避免重复，在初步概念化过程中也要做到基准点尽量多，保证所制定基准的全面性和丰富性。最终共获得 163 条公民水素养基准概念化语句，具体如下表 3-3 所示。

表 3-3　原始数据初步概念化结果

序号	节点名称
1	不在公园水池、喷泉池等水池中戏水
2	打雷、下大雨时，远离大树、墙根、河岸堤、危房建筑物等危险地方
3	当发现水管爆裂、水龙头破坏等漏水现象时要及时向相关人员反映
4	当发现他人有浪费水行为时应当及时上前制止
5	当洪灾、旱灾发生时知道如何应对以减少损失
6	当洗手使用香皂或洗手液时，要及时关闭水龙头
7	关注并了解一定的节水技术
8	会查看水表
9	积极参观游览与水相关的名胜古迹、水利博物馆、水情教育基地
10	积极参加节水相关活动
11	积极参加节水知识竞赛、节水创意作品征集活动
12	积极参加植树造林活动
13	积极参与生态水利项目沿岸的环境保护

续表

序号	节点名称
14	积极接受水情教育
15	及时制止他人在濒水地带乱丢垃圾
16	尽量不要用水解冻食品
17	尽量将自身生活用水控制在定额之内
18	具有良好的护水意愿
19	具有良好的节水习惯
20	具有良好的节水态度
21	具有良好的节水意识
22	具有水人权保护意识
23	了解保护水生态环境的主要途径和方法
24	了解本地防洪、防旱基础设施及建筑工程
25	了解城镇供水系统
26	了解当地个人生活用水定额
27	了解当地与水相关的风俗习惯
28	了解当地与水相关的故事传说
29	了解地表水和污水监测技术规范
30	了解地球上水的分布状况
31	了解地下水检测、治理及保护措施
32	了解动、植物体对水的依赖性
33	了解废水处理技术
34	了解工业节水技术
35	了解古代净水技术及方法
36	了解古代水利设施
37	了解古人对水的看法及人水关系
38	了解国家水资源管理法律手段
39	了解国家水资源管理行政手段
40	了解国家水资源管理经济手段
41	了解国内外重大水污染事件
42	了解国外与水相关的重大事件
43	了解合同节水
44	了解河长制管理制度

续表

序号	节点名称
45	了解洪灾、旱灾的成因及防止措施
46	了解节水器具
47	了解联合国制定的与水相关的计划与战略
48	了解农业灌溉系统
49	了解农业节水技术
50	了解人工降雨知识
51	了解人工湿地的作用和类型
52	了解人类活动给水生态环境带来的正面与负面影响
53	了解人体中水的含量与功能
54	了解生活节水技术
55	了解世界上主要的海洋和江河湖泊相关知识
56	了解水车、水泵、蒸汽机的工作原理
57	了解水的侵蚀现象
58	了解水的三种形态的转化
59	了解水的硬度
60	了解水环境检测、治理及保护措施
61	了解水环境容量的相关知识
62	了解水价及相关政策
63	了解水力发电知识
64	了解水利管理组织体系
65	了解水权及水权制度
66	了解水人权概念
67	了解水生态补偿相关知识
68	了解水污染的分类、来源、危害、成因及治理措施
69	了解水循环的成因、作用及意义
70	了解水资源的开发和利用方式
71	了解水资源税相关知识及改革措施
72	了解我国海洋和主要的江河湖泊相关知识
73	了解我国历史、现代重要水利专家及治水人物事迹
74	了解我国历史上发生的严重洪灾、旱灾情况及对社会的影响
75	了解我国水资源的权属、管理责任、考核等相关规定

续表

序号	节点名称
76	了解我国水资源总量与水资源可利用量
77	了解我国现代水利设施与水景观工程
78	了解我国主要冰川、湿地概况
79	了解一定的水常识和水制度
80	了解与水相关诗词文化
81	了解与水有关的成语、谚语的含义，例如“上善若水”等
82	了解与水有关的法律法规
83	了解再生水（中水）的定义以及中水回用
84	了解中国重要的河流和湖泊
85	了解自来水生产的基本过程
86	能根据气味和颜色等物理特征初步识别有害水体
87	能够操作与水有关的简单实验
88	能够对监督执法部门管理行为进行有效性的判断
89	能够根据水的流速和颜色等识别水体的危险性
90	能够识别潜在的热水烫伤危险
91	能够识别生活中与水有关的潜在危险，例如井盖、水护栏相关危险
92	能够识别我国节水标志
93	能够识别用水效率标识
94	能够识别与水有关危险标识
95	能够一水多用和循环用水，例如淘米水浇花、洗衣水拖地等
96	能看懂用水相关产品的标签和说明书
97	培养参与水资源节约保护和水灾害防范的能力
98	培养良好的节水意识
99	清洗餐具、蔬菜时可用容器接水洗涤而不是用大量水进行冲洗
100	清洗油污过重餐具时可先用纸擦去油污，然后进行冲洗
101	使用节水的卫生洁具，如新型节水马桶、节水龙头等
102	使用热水时对刚开始所放冷水进行回收利用
103	树立良好的水伦理价值观
104	刷牙时用牙杯接水后要关闭水龙头再刷
105	提前关注天气预报，避免海啸来临时去海边游玩
106	洗漱时不要将水龙头始终打开，应该间断性放水，避免直流造成浪费

续表

序号	节点名称
107	洗衣服时投放适量洗衣粉
108	洗澡时尽量使用淋浴，搓洗香皂或沐浴液时要及时关闭淋浴头
109	戏水时自身应当避免做危险动作，并时刻注意同伴位置，避免落单
110	下水前做足准备、热身活动
111	学会健康的饮水方式
112	学会游泳，达到能熟练运用至少一种泳姿的要求
113	远离非正规戏水场地
114	远离水流湍急或水质浑浊的危险水域
115	在不影响正常生活的前提下减少用水量
116	在节水中要做到知行合一
117	在进行水资源开发、利用时要坚持依法用水
118	掌握洪涝、泥沙灾害发生时自救逃生技能
119	掌握溺水自救方法
120	掌握皮肤烫伤后应急处理办法
121	掌握他人溺水施救方法，不盲目施救
122	支持节水、护水的宣传工作
123	知道“节水优先、空间均衡、系统治理、两手发力”的新时期治水思路
124	知道冰的密度比水小
125	知道使用深层的存压水、高氟水会对人体产生负面影响
126	知道环保部门的举报电话：12369
127	知道江河湖泊是人类比较容易利用的淡水资源
128	知道将水质按功能高低依次划分为五类且了解各类适用主体
129	知道节水行为对节约水资源、保护环境是有益的
130	知道节约用水要从点滴做起
131	知道哪些行为属于浪费水行为
132	知道如何分类用水
133	知道如何回收并利用雨水
134	知道世界水日、中国水周时间及每年主题，并积极参与相关活动
135	知道水的比热容较大
136	知道水的冰点和沸点
137	知道水的分子结构

续表

序号	节点名称
138	知道水的矿化度含义及计算方法
139	知道水环境容量的含义
140	知道水具有很大的表面张力
141	知道水具有较好的溶解性
142	知道水是不可再生资源
143	知道水是热胀冷也胀的
144	知道水是人体细胞、动植物体中的重要组成部分
145	知道水是无色透明的
146	知道水循环的规律、类型和内在机理
147	知道水有固态、液态、气态三种形态
148	知道水在工业生产中的作用
149	知道水在农业生产中的作用
150	知道水在日常生活中的作用
151	知道四大文明古国所起源的江河流域
152	知道我国淡水资源紧缺，了解我国水资源储量及分布
153	知道我国的淡水资源主要源自于冰川雪山
154	知道我国是极度缺水国家，水资源短缺
155	知道污水处理可分为一、二、三级并了解各级处理方法
156	知道中国的水流大多流向海洋，部分形成了湖泊及地下水
157	知道自来水根据使用性质的不同可分为生活用水、第一产业用水、第二产业用水、生态环境用水和漏失水
158	主动保护濒水地带周边环境
159	主动保护海洋环境，例如主动捡起垃圾、制止污染行为等
160	主动承担节水责任
161	主动接受节水、护水相关教育
162	主动制止、举报个人或组织的水污染行为
163	遵守与水相关法律法规

在对原始数据进行初步概念化后得到上述结果，但初步概念化语句中存在概念重复、表述不准确、表达笼统等问题，需要对初步概念化语句结果进行调节、整合。在原始初步概念化语句结果基础上，对语句进行删除、增添、合并

与修改，得到最终概念化结果，共计 110 条概念化语句（a1-a110），具体如表 3-4 所示。

表 3-4 概念化语句

序号	节点名称
1	a1 不在公园水池、喷泉池等水池中戏水
2	a2 打雷、下大雨时，远离大树、墙根、河岸堤、危房、建筑物等危险地方
3	a3 当发现水管爆裂、水龙头破坏等漏水现象时要及时向相关人员反映
4	a4 当发现他人有浪费水的行为时应当及时上前制止
5	a5 当在公共场合发现水龙头未关紧、有滴漏现象时，应主动上前关闭
6	a6 当洪灾、旱灾发生时知道如何应对以减少损失
7	a7 当洗手使用香皂或洗手液时，要及时关闭水龙头
8	a8 关注公共场合用水的查漏塞流
9	a9 会查看水表
10	a10 积极参观游览与水相关名胜古迹、水利博物馆、水情教育基地
11	a11 积极参加节水相关活动，如节水知识竞赛、节水创意作品征集活动
12	a12 知道水资源及其承载力是有限的，要具有危机意识和节水意识
13	a13 知道水是生命之源、生态之基和生产之要，既要满足当代人的需求，又不损害后代人满足其需求的能力
14	a14 积极参加植树造林活动
15	a15 及时制止他人往水体中乱丢垃圾的行为
16	a16 尽量不要用水解冻食品
17	a17 了解当地个人生活用水定额，尽量将自身生活用水控制在定额之内
18	a18 了解当地防洪、防旱基础设施概况以及当地雨洪特点
19	a19 了解当地与水相关的风俗习惯和故事传说
20	a20 了解当地短时段内的冷热、干湿、晴雨等气候状态
21	a21 了解地表水和污水监测技术规范、治理情况
22	a22 了解地球上水的分布状况，知道地球总面积中陆地面积和海洋面积的百分比，了解地球上主要的海洋和江河湖泊相关知识
23	a23 了解工业节水的重要意义，知道工业生产节水的标准和相关措施
24	a24 生产者在生产经营活动中，应树立生产节水意识，选用节水生产技术
25	a25 了解古代水利设施、净水技术、人水关系及古人对水的看法

续表

序号	节点名称
26	a26 了解国内外重大水污染事件及其影响
27	a27 了解合同节水及相关节水管理知识
28	a28 知道河长制是保护水资源、防治水污染、改善水环境、修复水生态的河湖管理保护机制，是维护河湖健康生命、实现河湖功能永续利用的重要制度保障
29	a29 知道当地河流或湖泊的责任河长，当发现有污染行为时应及时反映举报
30	a30 了解联合国制定的与水相关的战略和计划
31	a31 农业生产者要了解农业灌溉系统、农业节水技术相关知识
32	a32 了解人工降雨相关知识
33	a33 农业生产者应了解过量使用农药、化肥等对湖泊、河流以及地下水的影响，掌握正确使用农药，合理使用化肥的基本知识与方法
34	a34 知道在水循环过程中，水的时空分布不均造成洪涝、干旱等灾害
35	a35 了解人工湿地的作用和类型
36	a36 了解人类活动给水生态环境带来的负面影响，懂得应该合理开发荒山荒坡，合理利用草场、林场资源，防止过度放牧
37	a37 具有保护海洋的意识，知道合理开发利用海洋资源的重要意义
38	a38 了解水车、水泵、蒸汽机的基本知识及其对经济社会发展的作用
39	a39 知道地球上的水在太阳能和重力作用下，以蒸发、水汽输送、降水和径流等方式不断运动，形成水循环
40	a40 了解水的物理知识，如水的冰点与沸点、三态转化、颜色气味、硬度等
41	a41 不往水体中丢弃、倾倒废弃物
42	a42 了解水环境检测、治理及保护措施
43	a43 了解水环境容量的相关知识，知道水体容纳废物和自净能力有限，知道人类污染物排放速度不能超过水体自净速度
44	a44 了解水价在水资源配置、水需求调节等方面的作用
45	a45 知道开发和利用水能是充分利用水资源、解决能源短缺的重要途径
46	a46 了解我国水利管理组织体系，知道各级人民政府在组成部门中设置了水行政主管部门，规范各种水事活动
47	a47 了解水权制度，知道水资源属于国家所有，单位和个人可以依法依规使用和处置，须由水行政主管部门颁发取水许可证并向国家缴纳水资源费（税）
48	a48 了解水人权概念，知道安全的清洁饮用水和卫生设施是一项基本人权，国家要在水资源分配和利用中优先考虑个人的使用需求

续表

序号	节点名称
49	a49 了解国家按照“谁污染，谁补偿”“谁保护，谁受益”的原则，建立了水环境生态补偿政策体系
50	a50 了解水污染的类型、污染源与污染物的种类，以及控制水污染的主要技术手段
51	a51 知道过量开采地下水会造成地面沉降、地下水水位降低、沿海地区海水倒灌等现象
52	a52 知道饮用受污染的水会对人体造成危害，会导致消化疾病、传染病、皮肤病等，甚至导致死亡
53	a53 知道“阶梯水价”将水价分为两段或者多段，在每一分段内单位水价保持不变，但是单位水价会随着耗水量分段而增加
54	a54 知道水生态环境的内部要素是相互依存的，同时与经济社会等其他外部因素也是相互关联的
55	a55 了解我国历史、现代重要水利专家及治水人物事迹
56	a56 了解我国历史上发生的严重洪灾、旱灾状况及对社会的影响
57	a57 能看懂水质量报告
58	a58 了解我国当代重大水利水电工程和一些重要的水利风景区
59	a59 了解与水相关的诗词、成语、谚语，例如“上善若水”等
60	a60 知道中水回用是水资源可持续利用的重要方式
61	a61 了解各级水行政部门颁布的涉水法律和规定
62	a62 了解水的化学知识，如水的化学成分和化学式等
63	a63 了解中国的水分布特点以及重要水系、雪山、冰川、湿地、河流和湖泊等
64	a64 能根据气味和颜色等物理特征初步识别有害水体
65	a65 能够初步识别他人或组织的涉水违法行为，并对其进行举报
66	a66 能够根据水的流速和颜色等识别水体的危险性
67	a67 能够识别潜在的热水烫伤危险
68	a68 能够识别并远离生活中与水有关的潜在危险设施，如窨井盖、水护栏等
69	a69 能够识别“国家节水标志”
70	a70 能够识别水效标识
71	a71 能够识别与水有关的危险警示标志
72	a72 能够一水多用和循环用水，如淘米水浇花、洗衣水拖地等
73	a73 能看懂用水相关产品的标签和说明书
74	a74 知道污水必须经过适当处理达标后才能排入水体
75	a75 清洗餐具、蔬菜时可用容器接水洗涤，而不是用大量的水进行冲洗

续表

序号	节点名称
76	a76 清洗油污过重餐具时可先用纸擦去油污，然后进行冲洗
77	a77 使用节水的生活器具，如新型节水马桶、节水龙头等
78	a78 使用热水时，对刚开始所放冷水进行回收利用
79	a79 刷牙时用牙杯接水后要关闭水龙头再刷
80	a80 提前关注天气预报，避免大雨、暴雨、海啸等极端天气带来的危害
81	a81 洗脸时不要将水龙头始终打开，应该间断性放水，避免直流造成浪费
82	a82 洗衣服时投放适量洗衣粉（液），尽量使用无磷洗涤用品
83	a83 洗澡时尽量使用节水花洒淋浴，搓洗香皂或沐浴液时要及时关闭淋浴头
84	a84 避免戏水时的危险动作并具有应急避险意识，时刻注意同伴位置，避免落单
85	a85 掌握正确的饮水知识，不喝生水，最好喝温开水，成人每天需要喝水 1500~2500 毫升
86	a86 掌握游泳技能，达到能熟练运用至少一种泳姿的要求
87	a87 远离非正规戏水场地，下水前做足准备、热身活动
88	a88 远离水流湍急或水质浑浊的危险水域，不在未知水域及有禁止下水标志警示牌的水域戏水
89	a89 了解水对生命体的影响
90	a90 自觉地保护所在地的饮用水源地
91	a91 掌握洪涝、泥石流等灾害发生时的逃生技能
92	a92 掌握溺水自救方法
93	a93 掌握皮肤被热水烫伤后的应急处理办法
94	a94 掌握施救落水人员的正确处理方法
95	a95 参与节水、爱水、护水的宣传教育活动
96	a96 知道使用深层的存压水、高氟水会危害健康
97	a97 知道环保部门的官方举报电话：12369
98	a98 知道节水可以保护水资源、减少污水排放，有益于保护环境
99	a99 知道节约用水要从自身做起、从点滴做起
100	a100 知道如何回收并利用雨水
101	a101 知道世界水日、中国水周具体时间并积极参与世界水日、中国水周等举办的特定主题活动
102	a102 知道水是不可再生资源，水生态系统一旦被破坏很难恢复，恢复被破坏或退化的水生态系统成本高、难度大、周期长
103	a103 了解四大文明古国的缘起以及江河流域对文明传承的贡献

续表

序号	节点名称
104	a104 知道水是人类赖以生存和发展的基础性和战略性自然资源，解决人水矛盾主要是通过调整人类的行为来实现
105	a105 关注并学习和使用与水相关的新知识、新技术
106	a106 主动保护海洋环境，如不往水体中丢弃、倾倒废弃物，主动捡起垃圾、制止污染行为等
107	a107 主动承担并履行节水、爱水、护水责任
108	a108 关注并通过图书、报刊和网络等途径检索、收集与水相关的知识和信息
109	a109 主动制止、举报个人或组织的水污染行为
110	a110 自觉遵守各级水行政部门颁布的涉水法律和规定

（二）范畴化

第二步对概念化所得语句进行范畴化。在对原始资料进行逐字逐句编码时，可能会出现多个所编码的概念代表同一个现象，或者存在多个概念意思相同、重复出现的情况，因此，要对所得语句进行范畴化。

在对大量原始数据进行初步概念化编码后，需对所得概念化语句进行范畴化，即依照相关原则，对概念化语句进行缩减提炼，得到更为精炼的相关范畴。该步骤对 110 条概念化语句进行提炼分类，共得到 24 条副范畴（A1—A24），这些副范畴相当于公民水素养基准的三级指标。具体副范畴如表 3-5 所示。

表 3-5　110 条概念化语句的范畴化结果

副范畴	编号
A1 规避与水相关的危险	a1，a2，a80，a84，a87，a88
A2 发现存在水浪费时应当有所作为	a3，a4，a5
A3 在家庭生活中做到节约用水	a7，a16，a72，a75，a76，a77，a78，a79，a81，a82，a83
A4 在生活中对水有所关注	a8，a20，a105，a108
A5 具有一定的水兴趣	a19，a25，a38，a55，a56，a58，a59，a101，a103
A6 具有一定的水资源相关知识	a22，a35，a63
A7 坚持水的可持续发展	a13，a36，a45，a60，a104

续表

副范畴	编号
A8 规范自身护水行为	a41，a106
A9 参与防范水污染的说服和制止行为	a15，a65，a109
A10 具有一定的水安全知识	a6，a18，a26，a52，a96
A11 具有一定的节水知识	a23，a27，a31，a99
A12 具有一定的水管理知识	a17，a21，a28，a46，a49
A13 对水政策有所关注	a29，a30，a61
A14 了解水循环相关知识	a32，a34，a39，a100
A15 增强护水意识	a33，a37
A16 具有一定的水生态环境知识	a42，a43，a50，a51，a54，a74，a97，a98，a102
A17 知道水的主要性质	a40，a62
A18 了解水的商品属性相关知识	a44，a47，a53
A19 了解水与生命的相关知识	a48，a85，a89
A20 掌握一定的水安全技能	a57，a64，a66，a67，a68，a71，a86，a91，a92，a93，a94
A21 掌握与水相关的生活技能	a9，a69，a70，a73
A22 树立节水意识	a12，a24
A23 履行水责任	a90，a107，a110
A24 积极参与水活动	a10，a11，a14，a95

二、主轴性编码

主轴性编码是以所研究现象较相近的条件和路径与行为思路为基础，划分提炼出恰当的新范畴，找到该新范畴与副范畴间联系及联结关系的过程。这个过程与前述开放性编码所使用的聚合提炼方法有一定区别。这个过程中，首先找到并界定事件的中心现象，找到影响该现象的原因及条件，再解释说明该现象与原因条件间的联系，探索影响现象的背景和介入条件，最后描述该事件最终结果，这个过程也是典范模型的研究过程，即（A）因果条件—（B）现象—（C）背景脉络—（D）介入条件（E）—行动互动策略—（F）结果。

扎根理论研究方法的目的是，构建一个全面且新颖的理论架构。但在此过程中，主轴性编码的目的并不在于此，而是要发展主范畴，即在开放性编码的基础上，对概念化语句和副范畴进行仔细研究和深入探索，起到提炼作用。典范模型是扎根理论研究方法在主轴性编码过程中常用的研究模型。该模型思路清晰，重点突出，对主范畴的归纳提取有很大的帮助。但是，在上述开放性编码的过程中，只存在从资料到概念语句再到副范畴的逻辑关系，并不存在典范模型中从 A 到 F 的逻辑关系。因此，这里我们仅借鉴该模型的研究思路和思维方式对主范畴进行提取。结合公民水素养基准内涵与外延的定位，以及公民水素养塑造的实际需要，直接从 24 个副范畴（A1 规避与水相关的危险、A2 发现存在水浪费时应当有所作为、A3 在家庭生活中做到节约用水、A4 在生活中对水有所关注、A5 具有一定的水兴趣、A6 具有一定的水资源相关知识、A7 坚持水的可持续发展、A8 规范自身护水行为、A9 参与防范水污染的说服和制止行为、A10 具有一定的水安全知识、A11 具有一定的节水知识、A12 具有一定的水管理知识、A13 对水政策有所关注、A14 了解水循环相关知识、A15 增强护水意识、A16 具有一定的水生态环境知识、A17 知道水的主要性质、A18 了解水的商品属性相关知识、A19 了解水与生命的相关知识、A20 掌握一定的水安全技能、A21 掌握与水相关的生活技能、A22 树立节水意识、A23 履行水责任、A24 积极参与水活动）中归纳出 12 个主范畴，分别是 AA1 避险行为、AA2 节水行为、AA3 水情感、AA4 水资源与环境知识、AA5 水安全与管理知识、AA6 节水知识、AA7 水意识、AA8 水基础知识、AA9 水安全技能、AA10 水生活技能、AA11 水责任、AA12 护水行为（详见表 3-6）。这些主范畴相当于公民水素养基准的二级指标。

表 3-6 主范畴

主范畴	副范畴
AA1 避险行为	A1
AA2 节水行为	A2，A3
AA3 水情感	A4，A5，A13
AA4 水资源与环境知识	A6，A7，A14，A16
AA5 水安全与管理知识	A10，A12，A18
AA6 节水知识	A11
AA7 水意识	A15，A22
AA8 水基础知识	A17，A19

续表

主范畴	副范畴
AA9 水安全技能	A20
AA10 水生活技能	A21
AA11 水责任	A23
AA12 护水行为	A8，A9，A24

三、选择性编码

选择性编码是扎根理论方法的最后阶段。此阶段包含整合一个或两个以上的核心范畴，以构建理论来发展扎根理论，此过程所构建的理论能真实反映某种现象或情景。这是编码与范畴统整成扎根理论的最大挑战，许多分析者经常选择主题式地提出他们的研究结果，但其范畴只是随着扎根理论技术而发展，并不是发展真实的扎根理论。

选择性编码是指通过选择确定核心范畴，将该核心范畴与前述主范畴及副范畴联系起来的过程，核心范畴应当能够概括所有的主范畴及副范畴，能够起到提炼和总结所有范畴的作用。在这个过程中，第一步是要识别、提炼出一条可以概括其他所有范畴的核心范畴；第二步是使用该核心范畴及其他范畴去解释说明所有现象；第三步是通过典范模型去验证核心范畴和其他范畴间的联结关系；第四步则是对已开发总结的范畴进行仔细打磨，使该范畴能够完备地、简明扼要地概括所有现象。这个过程与主轴性编码过程较为相似，但区别在于此过程需要研究者更为细致、抽象、完备地去概括现象。通过对 24 个副范畴的考察研究，尤其是对 AA1 避险行为、AA2 节水行为、AA3 水情感、AA4 水资源与环境知识、AA5 水安全与管理知识、AA6 节水知识、AA7 水意识、AA8 水基础知识、AA9 水安全技能、AA10 水生活技能、AA11 水责任、AA12 护水行为这 12 个主范畴的深入探索，以及对原始数据资料反复进行归纳整理和探索分析，发现可以用“必要的水知识与水技能，良好的水态度与水行为”这一核心范畴来统领其他所有的范畴。其中 AAA1 水知识、AAA2 水技能、AAA3 水态度、AAA4 水行为可以看作公民水素养基准的一级指标，详见表3-7。

表 3-7 核心范畴

核心范畴	主范畴
AAA1 水知识	AA4 水资源与环境知识
	AA5 水安全与管理知识
	AA6 节水知识
	AA8 水基础知识
AAA2 水技能	AA9 水安全技能
	AA10 水生活技能
AAA3 水态度	AA3 水情感
	AA7 水意识
	AA11 水责任
AAA4 水行为	AA1 避险行为
	AA2 节水行为
	AA12 护水行为

四、理论饱和度验证

使用扎根理论方法进行研究时，要保证所提取归纳的理论达到“饱和”状态。所谓“饱和”状态是对收集到的新的数据资料进行归纳整理，当发现所有现象均可由已有概念化语句和范畴进行概括且无法提炼出新的理论时，则说明使用扎根理论研究方法所确定的理论已经达到“饱和”状态。

在本书中，研究者在初步概念化过程中，选取 4/5 的初始资料进行编码。为了保证研究的科学性和严谨性，研究者在对编码资料进行提取归纳后，又对 3 位相关学者进行访谈，相关专家基于初步编码基准点进行补充丰富，使用这部分访谈资料以及剩余的 1/5 的原始编码资料进行饱和度验证，发现这些资料所编码的语句节点均可归纳到已有的编码节点和范畴类属之中，并未提取出新的基准点和相关类属，说明本书所制定理论已经达到“饱和”状态。

第三节　定性研究结果与分析

一、定性研究结果

通过编码过程，最后以提炼“故事线”的方式得到最终标准框架。所谓故事线是指，由提炼公民水素养基准的各种数据所反映出来的脉络。本书中的“故事线”就是从概念化语句开始，再到副范畴和主范畴，最终形成核心范畴，即基准体系的四层指标，其中概念化语句即为四级指标，副范畴即为三级指标，主范畴即为二级指标，核心范畴即为一级指标。“故事线”支撑着公民水素养基准的构建过程，是公民水素养基准制定的关键脉络。根据“公民水素养基准制定”中的各层编码所得结论，可以归纳总结出公民水素养基准的故事线，也就形成了最终的公民水素养基准体系框架，其中包括 4 个核心范畴、12 个主范畴、24 个副范畴以及 110 条概念化语句，即相当于 4 个一级指标、12 个二级指标、24 个三级指标以及 110 个四级指标，具体如表 3-8 所示。

表 3-8　基于定性方法的公民水素养基准体系

核心范畴	主范畴	副范畴	概念化语句
AAA1 水知识	AA4 水资源与环境知识	A6 具有一定的水资源相关知识	a22，a35，a63
		A7 坚持水的可持续发展	a13，a36，a45，a60，a104
		A14 了解水循环相关知识	a32，a34，a39，a100
		A16 具有一定的水生态环境知识	a42，a43，a50，a51，a54，a74，a97，a98，a102
	AA5 水安全与管理知识	A10 具有一定的水安全知识	a6，a18，a26，a52，a96
		A12 具有一定的水管理知识	a17，a21，a28，a46，a49
		A18 了解水的商品属性相关知识	a44，a47，a53
	AA6 节水知识	A11 具有一定的节水知识	a23，a27，a31，a99
	AA8 水基础知识	A17 知道水的主要性质	a40，a62
		A19 了解水与生命的相关知识	a48，a85，a89

续表

核心范畴	主范畴	副范畴	概念化语句
AAA2 水技能	AA9 水安全技能	A20 掌握一定的水安全技能	a57，a64，a66，a67，a68，a71，a86，a91，a92，a93，a94
	AA10 水生活技能	A21 掌握与水相关的生活技能	a9，a69，a70，a73
AAA3 水态度	AA3 水情感	A4 在生活中对水有所关注	a8，a20，a105，a108
		A5 具有一定的水兴趣	a19，a25，a38，a55，a56，a58，a59，a101，a103
		A13 关注水政策	a29，a30，a61
	AA7 水意识	A15 增强护水意识	a33，a37
	AA11 水责任	A22 树立节水意识	a12，a24
		A23 履行水责任	a90，a107，a110
AAA4 水行为	AA1 避险行为	A1 规避与水相关的危险行为	a1，a2，a80，a84，a87，a88
	AA2 节水行为	A2 发现存在水浪费时应当有所作为	a3，a4，a5
		A3 在家庭生活中做到节约用水	a7，a16，a72，a75，a76，a77，a78，a79，a81，a82，a83
	AA12 护水行为	A8 规范自身护水行为	a41，a106
		A9 参与防范水污染的说服和制止行为	a15，a65，a109
		A24 积极参与护水活动	a10，a11，a14，a95

二、定性结果分析

本部分研究通过扎根理论来制定公民水素养基准，整个过程坚持扎根数据。本研究的整个数据分析过程，研究者虽然以已有相关研究理论为基础，但并不是提出预想结论再去验证，而是通过对原始数据资料进行挖掘，通过科学严谨的研究方法归纳、整理创造和发展理论。

本研究强调以“人”为中心。以“人”为中心是当前社会发展的基本理念，也是水素养基准制定的基点。在制定公民水素养基准过程中，必须从公民为主体这一基点出发，要明确知道基准制定的目的在于对人进行约束和教育，从而促进社会发展。所以，在通过质性研究方法扎根理论构建基准过程中，也体现出了这一点。在制定的过程中也注意到了对整体的强化，即在通过概念化语句发展成为范畴并最终提取核心范畴的过程中，形成归纳出了一个内在统一且特征突出的公民水素养基准体系框架。

本部分采用质性研究方法中的扎根理论方法制定公民水素养基准，与其他基准研究预先设定基准框架思路不同。本书研究扎根于数据，通过“自下而上”的方法确定水素养基准体系。这种研究方法的应用，一方面对基准制定领域是一次积极的尝试，通过创新性地使用质性研究方法中的扎根理论方法，丰富了基准制定研究领域的研究方法；另一方面对基准本身而言，涵盖了公民所需具备的知识、技能、态度和行为，从前期研究调查结果可知，公民在水相关知识和技能方面较为薄弱，部分公民具有良好态度，但在行为上很多方面都较为欠缺。本书通过扎根理论这种“自下而上”的研究方法所确定的公民水素养基准体系框架，是一个全面的基准体系，对全面提高公民水素养具有很好的引导作用。

第四章　基于定量方法的公民水素养基准制定研究

在本书中，通过定性方法扎根理论探究了公民水素养基准，确定了一个包括概念化语句、副范畴、主范畴及核心范畴类似四层指标体系的理论框架。正如前文方法选择介绍一样，虽然定性方法具有分析深刻、针对性强的优势，但该方法也有一定的劣势，扎根理论这种定性研究的重点更偏向于主观判断，对研究者自身对资料的分析归纳能力和理论构建能力要求较高，在理论推广过程中容易受到质疑。因此，为了避免这些缺点，本章使用定量研究方法对公民水素养基准制定进行研究，使用量化的研究方法对基准制定进行探索，使公民水素养基准制定过程更加科学与客观，保证所制定基准的科学性和严谨性。

第一节　定量研究方法与研究资料

本部分研究的目的在于提炼关键指标，构建公民水素养基准体系。上一章中所提取的概念化语句可看作本部分进行量化研究的基本变量，我们要做的是从众多变量中提炼变量，使这些所提取的综合变量包含原众多变量的大部分内容信息，又保证这些变量彼此独立不相关，每次所提取的综合变量即可看作各级指标。针对此问题，可以通过定量研究方法中的因子分析来实现，因子分析可以通过数据的降维从众多变量中提取综合变量。因此，本部分使用定量研究方法中的因子分析对公民水素养基准体系框架的制定进行探索。

一、因子分析概述

因子分析的基本思想，是从众多因子中通过某种方法提取公共因子。这种方法根据各变量间的相关性对原始变量进行分组，在分组的过程中，通过比较变量相关矩阵使同一分组的变量相关性较高，不同分组的变量相关性较低，分成的新组可用一个假象的变量去表示。这个假象变量即为所提取的公共因子，研究者需根据该假象变量所包含的原变量含义去命名该公共因子。例如研究学生的数学、物理、语文和英语成绩间的相关性，会发现数学与物理相关性高，语文和英语相关性高。此时，则可将数学与物理用逻辑思维这个公共因子来表示，语文和英语则用语言能力来表示。需要注意的是，一般情况下，当变量累计方差贡献率大于85%时，就认为公共因子能包括所含变量的大部分重要信息。

（一）模型构建

在模型构建的开始阶段，我们首先对样本数据进行标准化处理，使得样本数据在标准化过程后变量均值是0，方差是1。若样本数据能够满足下述三个条件：（其中，n为个案数量，p为每个个案的观测指标数量，X表示变量，$F=(F_1, F_2, \cdots, F_m)$（$m<p$）表示标准化之后的公共因子）首先，协方差矩阵$Cov(X)=\Sigma$，且$\Sigma$与相关矩阵R相等，其中$X=(X_1, X_2, \cdots, X_p)$是能够被观测的随机变量，且$E(X)=0$；其次，协方差矩阵$Cov(F)=1$，即向量F的各分量是相互独立的，其中$F=(F_1, F_2, \cdots, F_m)$（$m<p$）是不能够被观测的向量，且$E(F)=0$；最后，要求$e=(e_1, e_2, \cdots, e_p)$与F相互独立，且$E(e)=0$，e的协方差阵是对角方阵$\sum_e$的对角矩阵。那么，在因子分析的过程中可以建立如下模型：

$$\begin{cases} x_1 = a_{11}F_1 + a_{12}F_2 + \cdots + a_{1m}F_m + e_1 \\ x_2 = a_{21}F_1 + a_{22}F_2 + \cdots + a_{2m}F_m + e_2 \\ \vdots \\ x_p = a_{p1}F_1 + a_{p2}F_2 + \cdots + a_{pm}F_m + e_p \end{cases} \tag{4-1}$$

矩阵形式为：$X=AF+e$，其中A为因子载荷矩阵，F是主因子，e是特殊因子。A的具体矩阵为：

$$A = \begin{bmatrix} a_{11} & a_{12} & \cdots & a_{1m} \\ a_{21} & a_{22} & \cdots & a_{2m} \\ \vdots & \vdots & \ddots & \vdots \\ a_{p1} & a_{p2} & \cdots & a_{pm} \end{bmatrix} \tag{4-2}$$

（二）因子旋转

建立因子模型后，需要通过因子旋转来减少因子解释的主观性。因子旋转后，应当使旋转后新公共因子的载荷系数b_{ij}的绝对值接近0或1。因子载荷系数b_{ij}表示的是第i个原始变量（x_i）和第j个公共因子（F_j）的相关系数。当b_{ij}趋近于0时，说明F_j与x_i的相关性较差，如果该系数趋近于1，说明F_j与x_i的相关性较强。如果所有的x_i与部分公共因子相关性都较强，且与其他公共因子均不相关，那么就会比较容易确定公共因子的实际意义。进行完因子旋转后，因子模型的矩阵形式应随之变化为：

$$X=A_1F'+e \tag{4-3}$$

（三）因子得分

因子分析思想是将所确定的公共因子通过线性组合的方式组合起来，并通过线性模型计算总得分，这里因子得分函数可表示为：（其中β_{jp}为第j个公因子在第p个原始变量上的得分）

$$F_j=\beta_{j1}X_1+\beta_{j2}X_2+\cdots+\beta_{jp}X_p\ (j=1,\ 2,\ \cdots,\ m) \tag{4-4}$$

二、数据收集与信度检验

该部分研究数据获取采用问卷随机抽样调查的方法。在上一章中通过定性研究扎根理论研究方法对原始数据资料进行了概念化处理，总结提炼出110条概念化语句。这些概念化语句体现了对我国公民水素养的要求。本节以这110条语句为基础，编写了《公民水素养基准制定问卷调查》（问卷中基准点测试题的排序按照上一章定性方法所确定的体系框架中基准点的顺序进行排序，详见附录2），该问卷共包括6个个人基本信息问题、110个基准点测试问题及1个开放性问题。这110个基准点测试题描述了对公民在水相关方面的素养要求，被调查对象根据自身对这些问题的理解，结合自己实际情况对调查问卷进行作答。在制作调查问卷的过程中，这110个基准点测试题的作答方式采用李克特五级量表形式，“完全不同意”记1分，“不太同意”记2分，“一般”记3分，“比较同意”记4分，“完全同意”记5分。

（一）数据收集

问卷采用网上调查方式，调查时间为2019年8月份。考虑地域差异可能导致被调查者对水素养基准理解产生差异，调查时尽可能涉及多个地区，最终调查地区共涉及30个省级行政区，达到预期目标。最终回收问卷613份，其中有效问卷471份，无效问卷142份（包括未完成的问卷），有效率为76.84%。调查对象中个人基本信息的描述性统计如表4-1所示。

表4-1　个人基本信息描述性统计　　单位：%

类别	子类别	频数	百分比
性别	男	220	46.71
	女	251	53.29
年龄	6~17岁	1	0.21
	18~35岁	312	66.24
	36~45岁	107	22.72
	46~59岁	48	10.19
	60岁及以上	3	0.64
学历	小学及以下	2	0.42
	初中	14	2.97
	高中（含中专、技工、职高、技校）	30	6.37
	本科（含大专）	382	81.10
	硕士及以上	43	9.13
职业	学生	43	9.13
	务农人员	12	2.55
	企业人员	295	62.63
	国家公务、事业单位人员	57	12.10
	专业技术、科研人员	31	6.58
	自由职业者	20	4.25
	其他	13	2.76
居住地	城镇	425	90.23
	农村	46	9.77

续表

类别	子类别	频数	百分比
收入	0.3 万以下	64	13.59
	0.3 万~0.6 万	113	23.99
	0.61 万~1 万	169	35.88
	1.1 万~2 万	107	22.72
	2 万以上	18	3.82

(二) 信度检验

信度检验，又称可靠性检验，其目的在于检验数据的可信程度即可靠性，且检验结果与待检验数据的正确与否无关。检验结果一般通过信度系数表示，通常使用 Cronbach's α 系数进行鉴定，α 信度系数是目前统计研究中使用最为频繁的信度系数。其计算公式为：（式中 k 为题目个数，S_i^2 为第 i 题得分的方差，S_x^2 为测验总得分的方差）

$$\alpha = \frac{k}{k-1}\left(1 - \frac{\sum_{1}^{k} S_i^2}{S_x^2}\right) \tag{4-5}$$

α 信度系数值一般在 0 到 1 之间，如果该系数在 0.9 以上，则说明该数据的信度较好；如果该系数在 0.7 和 0.9 之间，则说明该数据的信度一般，但仍具有一定的信度，可以对数据进行分析探索；但如果该系数在 0.7 以下，则说明该数据的信度较差，不适合对调查数据进行分析，需要对调查问卷或量表进行重新设计。需要注意的是，α 信度系数的高低也容易受问卷和量表中题目数量的影响。如果量表所含题目数量达到 10 个，那么 α 系数应能达到 0.8 以上；如果量表的题目增加，α 系数会随之升高，当题目多于 20 个时，α 系数会达到 0.9 甚至更大；如果量表的题目较少，那么 α 系数也会较低，假如一个量表只包括 4 个题目时，其 α 系数可能会低于 0.6。因此，判断量表信度时，首先应当了解问卷和量表的题目数量，再根据题目数量判断该系数是否达到可接受水平。

根据回收问卷，利用统计学软件 Spss24.0 对有效问卷数据进行信度检验。该调查问卷的 Cronbach's α 系数为 0.966（见表 4-2），说明公民水素养基准调查问卷总体具有非常好的信度。

表 4-2　可靠性统计

Cronbach's α 系数	项数
0.966	110

第二节　基于因子分析的水素养基准体系构建

一、项目分析

项目分析的目的是检验编制问卷各个题项的可靠度与区分度，分析被调查对象中得分高低的两个群体在每个测试题上的差异，可作为个别题项筛选或修改的依据。这里借助假设检验中两独立样本的 T 检验对样本数据进行项目分析，以判断样本总体均数是否存在显著差异，若存在显著差异，则说明该题项区分度较好，若不存在显著差异，则说明该题项区分度较差，应予以删除。

假设检验的思路是先对总体参数提出零假设，再利用样本数据检验零假设是否成立。如果样本数据不能充分证明和支持零假设，则在一定的概率条件下，拒绝零假设；反之，如果样本数据不能充分证明和支持零假设是不成立的，则不能拒绝零假设。在假设检验的推断过程中，基本原则就是依靠统计分析推断原理，即小概率事件在一次特定的抽样中几乎不可能发生，如果发生了小概率事件，就有理由拒绝零假设。假设检验的思想依据是小概率原理，但由于样本具有随机性，我们在进行决策判断时，有犯错误的可能。当 H_0 为真时，而子样的观察值点（x_1，x_2，…，x_n）$\in C$，根据检验法则，我们应当拒绝 H_0，这种错误称为第一类错误，即拒真错误。而当备择 H_1 为真时，但子样的观察值点（x_1，x_2，…，x_n）$\in C^*$，依据检验法则，我们应当接受 H_0，这种错误称为第二类错误，即受伪错误。在进行两独立样本的 T 检验时，这里的零假设是：两个样本数据的均值不存在显著差异。这里的 t 检验统计量为：

$$t=\frac{\overline{X_1}-\overline{X_2}}{\sqrt{\frac{\sigma_{X_1}^2+\sigma_{X_2}^2-2\gamma\sigma_{X_1}\sigma_{X_2}}{n-1}}} \tag{4-6}$$

其中，n 为样本容量，$\overline{X}_1$和$\overline{X}_2$分别为两样本平均数，σ_{X_1}和σ_{X_2}为两样本标准差，$\sigma_{X_1}^2$和$\sigma_{X_2}^2$分别为两样本方差，γ 为相关样本的相关系数。

自由度为：

$$df = n - 1 \tag{4-7}$$

这里对 471 份有效问卷的 110 个测试题求总分，然后按照总分升序进行排序，其中最低分为 260 分，最高分为 550 分，取两者平均数 405 分作为分界点，借助统计学软件 Spss24.0 对数据进行两独立样本 T 检验，分割点值设置为 405，置信区间百分比设置为 95%。如果某个测试题高低两组的显著性差异较大，则说明该测试题有较好的区分度，应该保留该基准点测试题，反之应予以删除。借助统计学软件 Spss24.0 对数据进行两独立样本 T 检验的具体检验结果如表 4-3 所示。根据结果可知，110 个基准点测试题项均存在显著性差异（$p<0.05$），说明所编制的调查问卷中各测试题的区分度均较高，具有较好的鉴别力。

表 4-3　公民水素养基准调查问卷题项区分度检验

题项	t-统计量	显著性（p）
1. 了解地球上水的分布状况，知道地球总面积中陆地面积和海洋面积的百分比，了解地球上主要的海洋和江河湖泊相关知识	6.634	0.000
2. 了解人工湿地的作用和类型	6.989	0.000
3. 了解中国的水分布特点以及重要水系、雪山、冰川、湿地、河流和湖泊等	8.388	0.000
4. 知道水是生命之源、生态之基和生产之要，既要满足当代人的需求，又不损害后代人满足其需求的能力	4.251	0.000
5. 了解人类活动给水生态环境带来的负面影响，懂得应该合理开发荒山荒坡，合理利用草场、林场资源，防止过度放牧	5.656	0.000
6. 知道开发和利用水能是充分利用水资源、解决能源短缺的重要途径	5.598	0.000
7. 知道中水回用是水资源可持续利用的重要方式	7.827	0.000
8. 知道水是人类赖以生存和发展的基础性和战略性自然资源，解决人水矛盾主要是通过调整人类的行为来实现	7.153	0.000
9. 了解人工降雨相关知识	7.187	0.000
10. 知道在水循环过程中，水的时空分布不均造成洪涝、干旱等灾害	8.105	0.000

续表

题项	t-统计量	显著性（p）
11. 知道地球上的水在太阳能和重力作用下，以蒸发、水汽输送、降水和径流等方式不断运动，形成水循环	6.033	0.000
12. 知道如何回收并利用雨水	8.292	0.000
13. 了解水环境检测、治理及保护措施	8.708	0.000
14. 了解水环境容量的相关知识，知道水体容纳废物和自净能力有限，知道人类污染物排放速度不能超过水体自净速度	9.345	0.000
15. 了解水污染的类型、污染源与污染物的种类，以及控制水污染的主要技术手段	9.838	0.000
16. 知道过量开采地下水会造成地面沉降、地下水位降低、沿海地区海水倒灌等现象	8.704	0.000
17. 知道水生态环境的内部要素是相互依存的，同时与经济社会等其他外部因素也是相互关联的	7.728	0.000
18. 知道污水必须经过适当处理达标后才能排入水体	6.970	0.000
19. 知道环保部门的官方举报电话：12369	9.171	0.000
20. 知道节水可以保护水资源、减少污水排放，有益于保护环境	6.664	0.000
21. 知道水是不可再生资源，水生态系统一旦被破坏很难恢复，恢复被破坏或退化的水生态系统成本高、难度大、周期长	6.060	0.000
22. 当洪灾、旱灾发生时知道如何应对以减少损失	9.043	0.000
23. 了解当地防洪、防旱基础设施概况以及当地雨洪特点	9.586	0.000
24. 了解国内外重大水污染事件及其影响	10.620	0.000
25. 知道饮用受污染的水会对人体造成危害，会导致消化疾病、传染病、皮肤病等，甚至导致死亡	8.941	0.000
26. 知道使用深层的存压水、高氟水会危害健康	10.268	0.000
27. 了解当地个人生活用水定额，尽量将自身生活用水控制在定额之内	10.468	0.000
28. 了解地表水和污水监测技术规范、治理情况	6.865	0.000
29. 知道河长制是保护水资源、防治水污染、改善水环境、修复水生态的河湖管理保护机制，是维护河湖健康、实现河湖功能永续利用的重要制度保障	10.929	0.000

续表

题项	t-统计量	显著性（p）
30. 了解我国水利管理组织体系，知道各级人民政府在组成部门中设置了水行政主管部门，规范各种水事活动	10.937	0.000
31. 了解国家按照“谁污染，谁补偿”“谁保护，谁受益”的原则，建立了水环境生态补偿政策体系	10.625	0.000
32. 了解水价在水资源配置、水需求调节等方面的作用	11.200	0.000
33. 了解水权制度，知道水资源属于国家所有，单位和个人可以依法依规使用和处置，须由水行政主管部门颁发取水许可证并向国家缴纳水资源费（税）	10.341	0.000
34. 知道“阶梯水价”将水价分为两段或者多段，在每一分段内单位水价保持不变，但是单位水价会随着耗水量分段而增加	6.615	0.000
35. 了解工业节水的重要意义，知道工业生产节水的标准和相关措施	9.312	0.000
36. 了解合同节水及相关节水管理知识	9.525	0.000
37. 农业生产者要了解农业灌溉系统、农业节水技术相关知识	9.068	0.000
38. 知道节约用水要从自身做起、从点滴做起	5.459	0.000
39. 了解水的物理知识，如水的冰点与沸点、三态转化、颜色气味、硬度等	6.318	0.000
40. 了解水的化学知识，如水的化学成分和化学式等	6.385	0.000
41. 了解水人权概念，知道安全的清洁饮用水和卫生设施是一项基本人权，国家要在水资源分配和利用中优先考虑个人的使用需求	9.799	0.000
42. 掌握正确的饮水知识，不喝生水，最好喝温开水，成人每天需要喝水1500~2500毫升	7.422	0.000
43. 了解水对生命体的影响	6.051	0.000
44. 能看懂水质量报告	8.869	0.000
45. 能根据气味和颜色等物理特征初步识别有害水体	10.843	0.000
46. 能够根据水的流速和颜色等识别水体的危险性	9.446	0.000
47. 能够识别潜在的热水烫伤危险	8.369	0.000
48. 能够识别并远离生活中与水有关的潜在危险设施，如窨井盖、水护栏等	8.250	0.000
49. 能够识别与水有关的危险警示标志	11.731	0.000

续表

题项	t-统计量	显著性（p）
50. 掌握游泳技能，达到能熟练运用至少一种泳姿的要求	7. 883	0. 000
51. 掌握洪涝、泥石流等灾害发生时的逃生技能	8. 514	0. 000
52. 掌握溺水自救方法	10. 253	0. 000
53. 掌握皮肤被热水烫伤后的应急处理办法	9. 954	0. 000
54. 掌握施救落水人员的正确处理方法	9. 470	0. 000
55. 会查看水表	7. 711	0. 000
56. 能够识别“国家节水标志”	10. 230	0. 000
57. 能够识别水效标识	10. 468	0. 000
58. 能看懂用水相关产品的标签和说明书	10. 754	0. 000
59. 关注公共场合用水的查漏塞流	9. 235	0. 000
60. 了解当地短时段内的冷热、干湿、晴雨等气候状态	10. 008	0. 000
61. 关注并学习和使用与水相关的新知识、新技术	11. 401	0. 000
62. 关注并通过图书、报刊和网络等途径检索、收集与水相关的知识和信息	11. 434	0. 000
63. 了解当地与水相关的风俗习惯和故事传说	10. 090	0. 000
64. 了解古代水利设施、净水技术、人水关系及古人对水的看法	8. 138	0. 000
65. 了解水车、水泵、蒸汽机的基本知识及其对经济社会发展的作用	9. 134	0. 000
66. 了解我国历史、现代重要水利专家及治水人物事迹	10. 186	0. 000
67. 了解我国历史上发生的严重洪灾、旱灾状况及对社会的影响	9. 891	0. 000
68. 了解我国当代重大水利水电工程和一些重要的水利风景区	9. 792	0. 000
69. 了解与水相关的诗词、成语、谚语，例如“上善若水”等	8. 712	0. 000
70. 知道世界水日、中国水周具体时间并积极参与世界水日、中国水周等举办的特定主题活动	13. 152	0. 000
71. 了解四大文明古国的缘起以及江河流域对文明传承的贡献	9. 626	0. 000
72. 知道当地河流或湖泊的责任河长，当发现有污染行为时应及时反映举报	8. 496	0. 000
73. 了解联合国制定的与水相关的战略和计划	9. 077	0. 000
74. 了解各级水行政部门颁布的涉水法律和规定	10. 255	0. 000

续表

题项	t-统计量	显著性（p）
75. 农业生产者应了解过量使用农药、化肥等对湖泊、河流以及地下水的影响，掌握正确使用农药，合理使用化肥的基本知识与方法	8.618	0.000
76. 具有保护海洋的意识，知道合理开发利用海洋资源的重要意义	9.159	0.000
77. 知道水资源及其承载力是有限的，要具有危机意识和节水意识	7.579	0.000
78. 生产者在生产经营活动中，应树立生产节水意识，选用节水生产技术	7.621	0.000
79. 自觉地保护所在地的饮用水水源地	6.277	0.000
80. 主动承担并履行节水、爱水、护水责任	6.909	0.000
81. 自觉遵守各级水行政部门颁布的涉水法律和规定	7.604	0.000
82. 不在公园水池、喷泉池等水池中戏水	6.979	0.000
83. 打雷、下大雨时，远离大树、墙根、河岸堤、危房、建筑物等危险地方	6.813	0.000
84. 提前关注天气预报，避免大雨、暴雨、海啸等极端天气带来的危害	7.394	0.000
85. 避免戏水时的危险动作并增强应急避险意识，时刻注意同伴位置，避免落单	7.669	0.000
86. 远离非正规戏水场地，下水前做足准备、热身活动	7.136	0.000
87. 远离水流湍急或水质浑浊的危险水域，不在未知水域及有禁止下水标志警示牌的水域戏水	6.975	0.000
88. 当发现水管爆裂、水龙头破坏等漏水现象时要及时向相关人员反映	8.776	0.000
89. 当发现他人有浪费水的行为时应当及时上前制止	9.338	0.000
90. 当在公共场合发现水龙头未关紧、有滴漏现象时，应主动上前关闭	7.826	0.000
91. 当洗手使用香皂或洗手液时，要及时关闭水龙头	6.892	0.000
92. 尽量不要用水解冻食品	8.113	0.000
93. 能够一水多用和循环用水，如淘米水浇花、洗衣水拖地等	6.867	0.000
94. 清洗餐具、蔬菜时可用容器接水洗涤，而不是用大量的水进行冲洗	7.922	0.000
95. 清洗油污过重餐具时可先用纸擦去油污，然后进行冲洗	8.100	0.000
96. 使用节水的生活器具，如新型节水马桶、节水龙头等	8.323	0.000
97. 使用热水时，对刚开始所放冷水进行回收利用	9.321	0.000
98. 刷牙时用牙杯接水后要关闭水龙头再刷	6.379	0.000
99. 洗脸时不要将水龙头始终打开，应该间断性放水，避免直流造成浪费	7.959	0.000

续表

题项	t-统计量	显著性（p）
100. 洗衣服时投放适量洗衣粉（液），尽量使用无磷洗涤用品	7.082	0.000
101. 洗澡时尽量使用节水花洒淋浴，搓洗香皂或沐浴液时要及时关闭淋浴头	5.492	0.000
102. 不往水体中丢弃、倾倒废弃物	5.319	0.000
103. 主动保护海洋环境，如不往水体中丢弃、倾倒废弃物，主动捡起垃圾、制止污染行为等	8.713	0.000
104. 及时制止他人往水体中乱丢垃圾的行为	7.250	0.000
105. 能够初步识别他人或组织的涉水违法行为，并对其进行举报	10.932	0.000
106. 主动制止、举报个人或组织的水污染行为	9.306	0.000
107. 积极参观游览与水相关名胜古迹、水利博物馆、水情教育基地	8.479	0.000
108. 积极参加节水相关活动，如节水知识竞赛、节水创意作品征集活动	9.287	0.000
109. 积极参加植树造林活动	7.254	0.000
110. 参与节水、爱水、护水的宣传教育活动	9.654	0.000

二、一级指标构建

（一）效度检验

在进行探索性因子分析前，首先要对调查问卷中110个测试题项进行KMO（Kaiser-Meyer-Olkin）检验和巴特利特（Bartlett）球形检验，目的是为了检验该调查问卷中的各变量是否适合进行因子分析。KMO值越大，越适合做因子分析，一般认为KMO统计量大于0.9时效果最好，0.7以上可以接受，0.5以下则不宜做因子分析。借助统计学软件Spss24.0对数据进行效度检验，结果如表4-4所示，该量表的KMO值为0.926，表明该调查问卷中各测试题项相关程度无太大差异，适合对该量表中的各测试题项的各变量因子进行因子分析，且球形检验卡方值为24071.586，Sig.为0.000，即p值<0.05，具有非常显著的统计学意义，说明问卷数据适合进行因子分析。

表 4-4　KMO 和巴特利特检验

KMO 取样适切性量数		0.926
Bartlett 球形度检验	近似卡方	24071.586
	自由度（Df）	5995
	Sig.	0.000

（二）探索性因子分析

在完成因子分析准备工作后，借助统计学软件 Spss24.0 对有效问卷数据进行因子分析确定因子个数。结合因子分析要求，以及定性研究中指标的实际情况，这里确定因子个数的条件有两个：一是因子的特征值大于 1，二是每个因子包含的变量不能少于 2 个。在进行因子分析时，采用主成分法和最大方差法，需要注意的是由于变量较多，要将最大收敛性迭代次数调大至 150。

在对问卷数据中 110 个题项进行第一次正交叉旋转后，可以观察出在众多因子中，有 26 个因子的特征值大于 1，总方差解释累计达到 62.022%（见表 4-5）。

表 4-5　第一次正交叉旋转

组件	初始特征值			提取载荷平方和			旋转载荷平方和		
	总计	方差%	累积 %	总计	方差%	累积 %	总计	方差%	累积 %
1	23.901	21.728	21.728	23.901	21.728	21.728	13.485	12.259	12.259
2	9.433	8.576	30.304	9.433	8.576	30.304	10.276	9.342	21.601
3	3.342	3.038	33.342	3.342	3.038	33.342	4.717	4.288	25.889
4	2.290	2.082	35.424	2.290	2.082	35.424	3.274	2.976	28.865
5	1.985	1.804	37.228	1.985	1.804	37.228	2.573	2.340	31.205
6	1.859	1.690	38.918	1.859	1.690	38.918	2.435	2.213	33.418
7	1.657	1.506	40.425	1.657	1.506	40.425	2.224	2.022	35.440
8	1.604	1.458	41.883	1.604	1.458	41.883	2.015	1.832	37.272
9	1.527	1.388	43.272	1.527	1.388	43.272	1.839	1.672	38.944
10	1.456	1.324	44.596	1.456	1.324	44.596	1.819	1.653	40.598
11	1.440	1.309	45.904	1.440	1.309	45.904	1.655	1.504	42.102
12	1.365	1.241	47.145	1.365	1.241	47.145	1.600	1.455	43.556

续表

组件	初始特征值			提取载荷平方和			旋转载荷平方和		
	总计	方差%	累积 %	总计	方差%	累积 %	总计	方差%	累积 %
13	1.356	1.233	48.378	1.356	1.233	48.378	1.575	1.431	44.988
14	1.319	1.199	49.577	1.319	1.199	49.577	1.561	1.419	46.407
15	1.287	1.170	50.747	1.287	1.170	50.747	1.551	1.410	47.817
16	1.258	1.143	51.890	1.258	1.143	51.890	1.518	1.380	49.197
17	1.251	1.137	53.027	1.251	1.137	53.027	1.509	1.372	50.569
18	1.199	1.090	54.117	1.199	1.090	54.117	1.508	1.371	51.939
19	1.152	1.047	55.164	1.152	1.047	55.164	1.503	1.367	53.306
20	1.131	1.028	56.192	1.131	1.028	56.192	1.480	1.346	54.652
21	1.121	1.019	57.211	1.121	1.019	57.211	1.445	1.314	55.966
22	1.105	1.005	58.216	1.105	1.005	58.216	1.422	1.292	57.258
23	1.090	0.991	59.207	1.090	0.991	59.207	1.372	1.248	58.506
24	1.061	0.965	60.172	1.061	0.965	60.172	1.337	1.215	59.721
25	1.023	0.930	61.102	1.023	0.930	61.102	1.275	1.159	60.880
26	1.013	0.921	62.022	1.013	0.921	62.022	1.256	1.142	62.022

从第一次正交叉旋转的旋转后成分矩阵（原矩阵篇幅较大，这里将原矩阵稍加整理，只展现关键数据，见表 4-6）可以看出，在这 26 个因子中，有 11 个因子只包含有一个变量题项，分别是因子 11、13、17~25，其所包含的题项依次是 75、5、14、42、21、4、6、92、101、43、7，将此 11 个题项予以删除，共剩下 99 个题项。

表 4-6 第一次旋转后的成分矩阵

因子	题项									
1	JZD23	JZD22	JZD28	JZD13	JZD36	JZD51	JZD74	JZD52	JZD12	JZD15
	0.699	0.690	0.681	0.681	0.678	0.677	0.656	0.652	0.649	0.648
	JZD54	JZD73	JZD44	JZD70	JZD46	JZD35	JZD26	JZD24	JZD30	JZD59
	0.641	0.638	0.606	0.581	0.579	0.578	0.532	0.526	0.479	0.476
	JZD72	JZD19	JZD27	JZD45	JZD29	JZD106	JZD31	JZD62	JZD49	JZD37
	0.473	0.469	0.464	0.440	0.440	0.413	0.411	0.395	0.367	0.335

续表

因子	题项									
2	JZD38	JZD83	JZD79	JZD20	JZD90	JZD80	JZD99	JZD86	JZD98	JZD87
	0. 689	0. 655	0. 647	0. 646	0. 618	0. 618	0. 593	0. 592	0. 580	0. 576
	JZD102	JZD84	JZD88	JZD103	JZD82	JZD18	JZD85	JZD91	JZD25	JZD78
	0. 552	0. 536	0. 526	0. 513	0. 499	0. 489	0. 482	0. 465	0. 463	0. 434
	JZD8	JZD94	JZD47	JZD48						
	0. 387	0. 375	0. 370	0. 333						
3	JZD68	JZD66	JZD69	JZD65	JZD67	JZD61	JZD71	JZD77	JZD76	JZD60
	0. 627	0. 571	0. 513	0. 490	0. 482	0. 457	0. 449	0. 432	0. 422	0. 401
	JZD64	JZD63								
	0. 396	0. 371								
4	JZD108	JZD109	JZD110	JZD107	JZD105	JZD104	JZD89			
	0. 648	0. 629	0. 610	0. 453	0. 443	0. 414	0. 371			
5	JZD56	JZD57	JZD58	JZD55						
	0. 593	0. 491	0. 474	0. 399						
6	JZD40	JZD39								
	0. 716	0. 706								
7	JZD96	JZD97	JZD93	JZD1						
	0. 642	0. 485	0. 475	0. 457						
8	JZD1	JZD3	JZD2							
	0. 681	0. 639	0. 426							
9	JZD33	JZD41								
	0. 606	0. 487								
10	JZD81	JZD9								
	0. 606	0. 414								
11	JZD75									
	0. 654									
12	JZD34	JZD100								
	0. 562	0. 424								

续表

因子	题项									
13	JZD5									
	0.689									
14	JZD10	JZD53								
	0.635	0.333								
15	JZD16	JZD17								
	0.580	0.363								
16	JZD50	JZD32	JZD11							
	0.525	0.442	0.355							
17	JZD14									
	0.568									
18	JZD42									
	0.638									
19	JZD21									
	0.660									
20	JZD4									
	0.602									
21	JZD6									
	0.664									
22	JZD92									
	0.516									
23	JZD101									
	0.592									
24	JZD43									
	0.541									
25	JZD7									
	0.691									
26	无									

在这99个题项的基础上，进行第二次正交叉旋转后，得到22个因子的特

征值大于1，总方差解释累计达到60.295%。从第二次正交叉旋转的旋转后成分矩阵可以看出，在这22个因子中，有8个因子只包含有一个变量题项，分别是因子11、12、14、16~20，其所包含的题项依次是50、9、55、100、91、31、53、47，将此8个题项予以删除，共剩下91个题项。以此类推，进行下一次正交叉旋转，其旋转结果如表4-7所示。

表4-7　八次正交叉旋转结果

	因子个数	方差解释率	原题项个数	剩余题项个数
第一次旋转	26	62.022%	110	99
第二次旋转	22	60.295%	99	91
第三次旋转	19	58.552%	91	84
第四次旋转	17	57.568%	84	82
第五次旋转	17	58.007%	82	81
第六次旋转	16	57.080%	81	80
第七次旋转	16	57.183%	80	78
第八次旋转	15	56.349%	78	78

每次旋转中只含一个变量题项的因子具体序号如表4-8所示（前者数字为本次旋转只含一个变量题项的因子序号，后者数字为该因子所对应的变量题项）。

表4-8　八次旋转具体删除题项

第一次旋转	第二次旋转	第三次旋转	第四次旋转	第五次旋转	第六次旋转	第七次旋转	第八次旋转
11/75	11/50	12/107	16/62	15/19	15/45	14/72	无
13/5	12/9	13/89	17/8			15/19	
17/14	14/55	14/81					
18/42	16/100	15/37					
19/21	17/91	17/49					
20/4	18/31	18/102					
21/6	19/53	19/94					
22/92	20/47						

续表

第一次旋转	第二次旋转	第三次旋转	第四次旋转	第五次旋转	第六次旋转	第七次旋转	第八次旋转
23/101							
24/43							
25/7							

在进行到第八次旋转时，发现有15个因子的特征值大于1，总方差解释累计达到56.349%。其中，因子13、14、15所包含的题项个数为0，将这三个因子予以删除，最终得到12个因子，这12个因子的题项都包含2个或者2个以上。这12个因子即为最终确定的公共因子，他们的特征值和贡献率如表4-9所示。

表4-9　12个公共因子的特征值和贡献率

组件	初始特征值			提取载荷平方和			旋转载荷平方和		
	总计	方差%	累积%	总计	方差%	累积%	总计	方差%	累积%
1	17.989	23.062	23.062	17.989	23.062	23.062	10.515	13.481	13.481
2	7.503	9.620	32.682	7.503	9.620	32.682	7.663	9.825	23.305
3	2.942	3.772	36.454	2.942	3.772	36.454	4.273	5.478	28.784
4	1.851	2.373	38.827	1.851	2.373	38.827	2.867	3.676	32.460
5	1.537	1.970	40.797	1.537	1.970	40.797	2.140	2.744	35.204
6	1.504	1.929	42.725	1.504	1.929	42.725	2.135	2.737	37.941
7	1.406	1.803	44.529	1.406	1.803	44.529	2.093	2.683	40.625
8	1.319	1.691	46.220	1.319	1.691	46.220	1.899	2.435	43.059
9	1.264	1.620	47.840	1.264	1.620	47.840	1.807	2.317	45.376
10	1.235	1.583	49.423	1.235	1.583	49.423	1.687	2.163	47.539
11	1.155	1.480	50.904	1.155	1.480	50.904	1.637	2.099	49.638
12	1.118	1.433	52.337	1.118	1.433	52.337	1.585	2.032	51.670

这12个公共因子即为公民水素养基准的一级指标。根据各个公因子所包含题项的特征，对这12个公共因子进行命名。具体一级指标命名及所包含题

项如表 4-10 所示。需要注意的是，此处的 12 个一级指标可能与最终一级指标有所不同，因为这仅是通过量化研究因子分析方法得到的客观结果，最终具体结果仍需结合实际情况对其进行调整确定。

表 4-10 公民水素养基准的一级指标

因子	包含题项数目	具体题项	一级指标名称
1	22	22、51、23、52、12、13、54、74、28、36、73、44、15、46、35、70、26、24、59、30、27、29	具有一定的水资源与水环境知识
2	17	20、38、83、90、86、79、18、80、99、84、87、98、78、82、103、25、88	具有一定的水安全与水管理知识
3	11	65、66、67、71、69、68、64、63、76、60、61	具有一定的水情感
4	6	110、109、108、106、104、105	参与护水行为
5	2	40、39	知道水的主要性质
6	4	96、95、97、93	在生活中做到节约用水
7	3	57、56、58	掌握与水相关的生活技能
8	3	1、3、2	水资源相关知识
9	2	33、34	水的商品属性相关知识
10	3	85、48、17	规避水危险
11	2	32、77	坚持水的可持续发展
12	3	10、11、41	了解水循环相关知识

三、二级指标构建

在完成对 78 个题项的因子分析，确定公民水素养基准一级指标的基础上，分别对各个一级指标所包含的题项再次进行探索性因子分析以确定所包含的二级指标，确定二级指标的方法与思路和确定一级指标的方法思路相同，首先对所包含的题项进行信度检验，再根据效度检验确定是否适合进行因子分析，最终通过因子分析确定该一级指标下属的二级指标。

（一）第 1 个一级指标所属题项的因子分析

首先对第 1 个一级指标“具有一定的水资源与水环境知识”所包含的 22 个题项进行信度检验，使用 Cronbach's α 系数进行鉴定，该调查问卷的 Cronbach's α 系数为 0.934（见表 4-11），说明第 1 个一级指标所包含的 22 个题项所组成的问卷数据总体具有非常好的信度。

表 4-11　可靠性统计

Cronbach's α 系数	项数
0.934	22

再对第 1 个一级指标“具有一定的水资源与水环境知识”所包含的 22 个题项进行 KMO 检验和 Bartlett 球形检验，结果显示（见表 4-12），KMO 值为 0.960，表明该调查问卷中各测试题项相关程度无太大差异，适合对这 22 个测试题项的各变量因子进行因子分析，且球形检验卡方值为 4378.358，Sig. 为 0.000，即 p 值<0.05，具有非常显著的统计学意义。说明第 1 个一级指标所包含的 22 个题项的数据适合进行因子分析。

表 4-12　KMO 和巴特利特检验

KMO 取样适切性量数		0.960
Bartlett 球形度检验	近似卡方	4378.358
	Df	231
	Sig.	0.000

在完成对数据进行因子分析的准备工作后，对第 1 个一级指标所包含的 22 个题项的数据进行因子分析确定二级指标因子个数。结合因子分析要求，以及定性研究中指标的实际情况，这里确定因子个数的条件有两个：一是因子的特征值大于 1，二是每个因子包含的变量不能少于 2 个。在进行因子分析时，同样采用主成分法和最大方差法。

在对第 1 个一级指标所包含的 22 个题项数据进行主成分加最大方差方法正交叉旋转后，得到 2 个因子的特征值大于 1，总方差解释累计达到 47.357%（见表 4-13）。另外通过对第 1 个一级指标所包含的 22 个题项进行因子分析旋转后的碎石图（见图 4-1）观察可知，第 2 个公因子后的特征值变化趋缓，故而选取 2 个公共因子是比较合适的。

表 4-13　第 1 个一级指标所包含的 22 个题项进行因子分析旋转后的总方差解释

组件	初始特征值			提取载荷平方和			旋转载荷平方和		
	总计	方差%	累积 %	总计	方差%	累积 %	总计	方差%	累积 %
1	9. 243	42. 015	42. 015	9. 243	42. 015	42. 015	5. 519	25. 088	25. 088
2	1. 175	5. 342	47. 357	1. 175	5. 342	47. 357	4. 899	22. 268	47. 357
3	0. 964	4. 384	51. 740						
4	0. 864	3. 928	55. 668						
5	0. 830	3. 774	59. 442						
6	0. 752	3. 417	62. 859						
7	0. 713	3. 243	66. 102						
8	0. 684	3. 110	69. 212						
9	0. 659	2. 996	72. 208						
10	0. 633	2. 877	75. 085						
11	0. 609	2. 770	77. 855						
12	0. 591	2. 685	80. 540						
13	0. 520	2. 364	82. 905						
14	0. 510	2. 318	85. 223						
15	0. 471	2. 139	87. 362						
16	0. 460	2. 090	89. 453						
17	0. 449	2. 043	91. 495						
18	0. 428	1. 945	93. 441						
19	0. 395	1. 794	95. 235						
20	0. 387	1. 757	96. 992						
21	0. 342	1. 553	98. 545						
22	0. 320	1. 455	100. 000						

提取方法：主成分分析。

从旋转后的成分矩阵（见表 4-14）可以看出这 2 个因子所包含的题项均大于 2，其中因子 1 包含有 14 个题项，分别是题项 30、70、73、74、24、29、

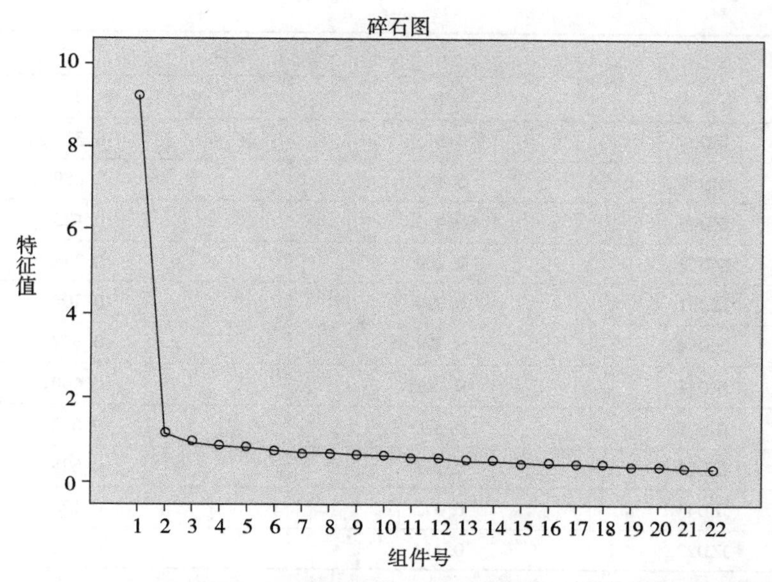

图 4-1　第 1 个一级指标所包含的 22 个题项进行因子分析旋转后的碎石图

26、27、35、15、36、28、59、46，因子 2 包含有 8 个题项，分别是题项 52、51、54、12、22、13、44、23。

表 4-14　第 1 个一级指标所包含的 22 个题项进行因子分析旋转后的成分矩阵

	组件	
	1	2
JZD30	0.725	0.097
JZD70	0.722	0.250
JZD73	0.619	0.400
JZD74	0.608	0.422
JZD24	0.608	0.288
JZD29	0.567	0.178
JZD26	0.566	0.308
JZD27	0.556	0.254
JZD35	0.555	0.304
JZD15	0.554	0.368
JZD36	0.548	0.408

续表

	组件	
	1	2
JZD28	0.545	0.379
JZD59	0.482	0.359
JZD46	0.463	0.423
JZD52	0.204	0.746
JZD51	0.294	0.706
JZD54	0.271	0.667
JZD12	0.201	0.660
JZD22	0.320	0.632
JZD13	0.293	0.625
JZD44	0.372	0.573
JZD23	0.414	0.561

提取方法：主成分分析。
旋转方法：Kaiser 标准化最大方差法。
a. 旋转在 3 次迭代后已收敛。

根据这 2 个因子所包含题项的特征，对这 2 个因子命名，具体因子名称如表 4-15 所示。

表 4-15　第 1 个一级指标所包含二级指标名称

因子	包含题项数目	具体题项	二级指标名称
1	14	30、70、73、74、24、29、26、27、35、15、36、28、59、46	了解水环境相关知识
2	8	52、51、54、12、22、13、44、23	了解水资源相关知识

（二）第 2 个一级指标所属题项的因子分析

首先对第 2 个一级指标“具有一定的水安全与水管理知识”所包含的 17 个题项进行信度检验，使用 Cronbach's α 系数进行鉴定，该调查问卷的 Cronbach's α 系数为 0.897（见表 4-16），说明第 2 个一级指标所包含的 17 个题项所组成的问卷数据总体具有非常好的信度。

表 4-16 可靠性统计

Cronbach's α 系数	项数
0.897	17

再对第 2 个一级指标“具有一定的水安全与水管理知识”所包含的 17 个题项进行 KMO 检验和 Bartlett 球形检验，结果显示（见表 4-17），KMO 值为 0.944，表明该调查问卷中各测试题项相关程度无太大差异，适合对这 17 个测试题项的各变量因子进行因子分析，且球形检验卡方值为 2487.631，Sig. 为 0.000，即 p 值<0.05，具有非常显著的统计学意义。说明第 2 个一级指标所包含的 17 个题项的数据适合进行因子分析。

表 4-17 KMO 和巴特利特检验

KMO 取样适切性量数		0.944
Bartlett 球形度检验	近似卡方	2487.631
	Df	136
	Sig.	0.000

在完成对数据进行因子分析的准备工作后，对第 2 个一级指标所包含的 17 个题项的数据进行因子分析确定二级指标因子个数。结合因子分析要求，以及定性研究中指标的实际情况，这里确定因子个数的条件有两个：一是因子的特征值大于 1，二是每个因子包含的变量不能少于 2 个。在进行因子分析时，同样采用主成分法和最大方差法。

在对第 2 个一级指标所包含的 17 个题项的数据进行主成分加最大方差方法正交叉旋转之后，得到 2 个因子的特征值大于 1，总方差解释累计达到 44.185%（见表 4-18），故而选取 2 个公共因子是比较合适的。

表 4-18 第 2 个一级指标所包含的 17 个题项进行因子分析旋转后的总方差解释

组件	初始特征值			提取载荷平方和			旋转载荷平方和		
	总计	方差%	累积 %	总计	方差%	累积 %	总计	方差%	累积 %
1	6.475	38.088	38.088	6.475	38.088	38.088	3.822	22.482	22.482
2	1.037	6.097	44.185	1.037	6.097	44.185	3.690	21.703	44.185
3	0.866	5.095	49.280						

续表

组件	初始特征值			提取载荷平方和			旋转载荷平方和		
	总计	方差%	累积 %	总计	方差%	累积 %	总计	方差%	累积 %
4	0.828	4.873	54.153						
5	0.813	4.780	58.933						
6	0.771	4.537	63.470						
7	0.708	4.164	67.633						
8	0.687	4.040	71.673						
9	0.652	3.833	75.506						
10	0.636	3.740	79.246						
11	0.607	3.569	82.815						
12	0.575	3.385	86.199						
13	0.534	3.141	89.340						
14	0.509	2.993	92.333						
15	0.483	2.841	95.174						
16	0.434	2.555	97.730						
17	0.386	2.270	100.000						

提取方法：主成分分析。

从旋转后的成分矩阵（见表4-19）可以看出这2个因子所包含的题项均大于2，其中因子1包含有9个题项，分别是题项88、103、99、98、87、84、83、79、90，因子2包含有8个题项，分别是题项18、38、25、20、82、86、80、78。

表4-19　第2个一级指标所包含的17个题项进行因子分析旋转后的成分矩阵

	组件	
	1	2
JZD88	0.734	0.103
JZD103	0.728	0.090
JZD99	0.578	0.302
JZD98	0.553	0.323
JZD87	0.545	0.347
JZD84	0.542	0.291

续表

	组件	
	1	2
JZD83	0.535	0.446
JZD79	0.523	0.317
JZD90	0.495	0.478
JZD18	0.093	0.694
JZD38	0.275	0.693
JZD25	0.127	0.654
JZD20	0.357	0.562
JZD82	0.256	0.548
JZD86	0.367	0.521
JZD80	0.402	0.508
JZD78	0.357	0.454

提取方法：主成分分析。
旋转方法：Kaiser 标准化最大方差法。
a. 旋转在 3 次迭代后已收敛。

根据这 2 个因子所包含题项的特征，对这 2 个因子命名，具体因子名称如表 4-20 所示。

表 4-20　第 2 个一级指标所包含二级指标名称

因子	包含题项数目	具体题项	二级指标名称
1	9	88、103、99、98、87、84、83、79、90	了解水管理相关知识
2	8	18、38、25、20、82、86、80、78	了解水安全相关知识

（三）其余 10 个一级指标所属题项的因子分析

首先对第 3 个一级指标“具有一定的水情感”所包含的 11 个题项进行信度检验，使用 Cronbach's α 系数进行鉴定，该调查问卷的 Cronbach's α 系数为 0.856（见表 4-21），说明第 3 个一级指标所包含的 11 个题项所组成的问卷数据总体具有非常好的信度。

表 4-21 可靠性统计

Cronbach's α 系数	项数
0. 856	11

再对第 3 个一级指标“具有一定的水情感”所包含的 11 个题项进行 KMO 检验和 Bartlett 球形检验，结果显示（见表 4-22），KMO 值为 0. 921，表明该调查问卷中各测试题项相关程度无太大差异，适合对这 11 个测试题项的各变量因子进行因子分析，且球形检验卡方值为 1415. 997，Sig. 为 0. 000，即 p 值<0. 05，具有非常显著的统计学意义。说明第 3 个一级指标所包含的 11 个题项的数据适合进行因子分析。

表 4-22 KMO 和巴特利特检验

KMO 取样适切性量数		0. 921
Bartlett 球形度检验	近似卡方	1415. 997
	Df	55
	Sig.	0. 000

在完成对数据进行因子分析的准备工作后，对第 3 个一级指标所包含的 11 个题项的数据进行因子分析确定二级指标因子个数。结合因子分析要求，以及定性研究中指标的实际情况，这里确定因子个数的条件有两个：一是因子的特征值大于 1，二是每个因子包含的变量不能少于 2 个。在进行因子分析时，同样采用主成分法和最大方差法。

在对第 3 个一级指标所包含的 11 个题项的数据进行主成分加最大方差方法正交叉旋转后，得到只有 1 个因子的特征值大于 1，总方差解释累计为 41. 120%（见表 4-23）。说明该一级指标已经不能分离出二级指标，因此该一级指标同时就是二级指标。

表 4-23 第 3 个一级指标所包含的 11 个题项进行因子分析旋转后的总方差解释

组件	初始特征值			提取载荷平方和		
	总计	方差百分比	累积百分比	总计	方差百分比	累积百分比
1	4. 523	41. 120	41. 120	4. 523	41. 120	41. 120

续表

组件	初始特征值			提取载荷平方和		
	总计	方差百分比	累积百分比	总计	方差百分比	累积百分比
2	0.944	8.578	49.699			
3	0.758	6.890	56.589			
4	0.743	6.758	63.347			
5	0.699	6.351	69.698			
6	0.655	5.952	75.650			
7	0.597	5.427	81.077			
8	0.552	5.015	86.092			
9	0.548	4.978	91.070			
10	0.514	4.671	95.742			
11	0.468	4.258	100.000			

提取方法：主成分分析。

采用同样方法，对剩下的9个一级指标所包含的题项再次进行探索性因子分析以确定所包含的二级指标，发现剩余的9个一级指标同第3个一级指标一样，特征值大于1的因子仅有一个，即无法再分离出二级指标，因此这些一级指标同样也是二级指标。

第三节　定量研究结果与分析

一、定量研究结果

本部分研究采用定量研究方法，首先对所包含的题项进行信度检验，再根据效度检验确定是否适合进行因子分析，最终通过因子分析确定一级指标以及下属的二级指标。

通过进行两轮的因子分析，确定了公民水素养基准各个层级的指标。从上述结果来看，由定量研究方法构建的公民水素养基准包括12个一级指标，14

个二级指标，以及78个基准点题项，具体的框架如表4-24所示。表中所呈现的公民水素养基准框架体系只是基于量化研究因子分析所得，结果是严格按照量化研究方法要求所得，研究结果具有一定的严谨性和科学性。

表4-24　基于定量方法的公民水素养基准体系

一级指标	二级指标	包含题项个数	具体题项
具有一定的水资源与水环境知识	了解水环境相关知识	14	30、70、73、74、24、29、26、27、35、15、36、28、59、46
	了解水资源相关知识	8	52、51、54、12、22、13、44、23
具有一定的水安全与水管理知识	了解水管理相关知识	9	88、103、99、98、87、84、83、79、90
	了解水安全相关知识	8	18、38、25、20、82、86、80、78
具有一定的水情感	具有一定的水情感	11	65、66、67、71、69、68、64、63、76、60、61
参与护水行为	参与护水行为	6	110、109、108、106、104、105
知道水的主要性质	知道水的主要性质	2	40、39
在生活中做到节约用水	在生活中做到节约用水	4	96、95、97、93
掌握与水相关的生活技能	掌握与水相关的生活技能	3	57、56、58
水资源相关知识	水资源相关知识	3	1、3、2
水的商品属性相关知识	水的商品属性相关知识	2	33、34
规避水危险	规避水危险	3	85、48、17
坚持水的可持续发展	坚持水的可持续发展	2	32、77
了解水循环相关知识	了解水循环相关知识	3	10、11、41

二、定量结果分析

通过定量研究中因子分析研究方法，本章节制定了一个包括12个一级指标，14 个二级指标，78 个基准点题项的公民水素养基准体系框架，整个过程严格遵循定量分析的程序，经过 T 检验、信效度检验和因子分析等步骤，最终实现了基于定量研究的公民水素养基准的建构。

该部分首先对包含 110 个基准点题项的《公民水素养基准制定问卷调查》进行了独立样本 T 检验，目的是验证各基准点题项的区分度，以免出现多个题项表达意思相同或题项重复现象。根据独立样本 T 检验结果可知，所有基准点题项区分度较好，说明各题间有较强的独立性，基准点题项的设置比较合理。同时，这也意味着每一个基准点题项都体现出了基准对公民在水素养方面的基本要求，涵盖了公民水素养的所有内容。因此，较好的区分度检验结果表明了公民水素养基准概念化语句即基准点的科学性。其次，对所有题项进行的第一轮探索性因子分析，得到了公民水素养基准的 12 个公共因子，也就相当于基准体系中的一级指标。再分别对这 12 个公因子进行第二次因子分析，得到各个一级指标的公共因子，即为基准体系的二级指标。从研究方法而言，经过两次因子分析所得到的两层指标是科学且严谨的，提高了公民水素养基准指标体系的可信度。总之，遵从定量研究方法，表明制定本研究中的公民水素养基准的可行性，整个过程科学合理、客观公正、值得信赖。但也正如前所述，严格按照方法要求对数据进行处理，所得结果仅为客观结果，其适用性仍有待考察。因此，最终研究结果还需与上章定性研究扎根理论方法所得结果进行比较与整合，以提高制定基准内容的合理性和适用性。

第五章 公民水素养基准的整合研究

每种研究方法都有其独特优点，但也存在不可避免的缺点。本书在第三章采用定性研究方法制订了公民水素养基准的基础上，在第四章又采用定量研究方法制订了公民水素养基准。本章节拟对这两种研究方法在制定水素养基准过程中存在的问题与缺点进行分析，再结合课题组的讨论研究结果以及专家的建议，对两种方法所制定的公民水素养基准进行优化整合，形成最终版本的公民水素养基准体系。

第一节 两种方法制定过程中存在的问题

一、定性研究中存在的问题

定性研究中的概念化语句，是通过大量文献资料进行开放性编码形成。虽然此过程严格按照扎根理论方法进行科学编码，但毕竟扎根理论属于定性研究方法，主观性较强，研究者的个人习惯与学术思想可能对研究结果产生一定影响。结合第四章定量研究中调查问卷的结果分析，以及专家学者建议，发现定性研究中对原始资料进行开放性编码的过程存在的问题较为突出，具体有以下几个问题。

（一）概念化语句存在重复

虽然在编码过程中尽量避免了概念化语句的重复出现，但通过定量研究中问卷调查的分析结果可知，所删除的题项中的确存在重复现象，例如“a104 知道水是人类赖以生存的和发展的基础性和战略性自然资源，解决人水矛盾主要是通过调整人类的行为来实现”“a36 了解人类活动给水生态环境带来的负面影响，懂得应该合理开发荒山荒坡，合理利用草场、林场资源，防止过度放牧”这两条概念化语句，与“a13 知道水是生命之源、生态之基和生产之要，既要满足当代人的需求，又不损害后代人满足其需求的能力”存在重复，应该予以删除。

（二）所制定基准要求超出水素养领域的要求范围

对原始资料进行开放性编码过程中，为保证概念化语句的全面性，尽可能多地对资料进行提取编码，以覆盖水素养要求各个方面，但在此过程中所提出的要求不免出现超出水素养领域要求范围的情况，例如概念化语句“a97 知道环保部门的官方举报电话：12369”以及“a49 了解国家按照‘谁污染，谁补偿’‘谁保护，谁受益’的原则，建立了水环境生态补偿政策体系”，其更多的属于环保方面的素养要求，可能超出了水素养领域的要求范围，应予以删除。

（三）部分概念化语句形容不准确

通过对概念化语句的反复推敲与打磨，发现个别概念化语句描述不够准确，目标群体过于局限，如“a31 农业生产者要了解农业灌溉系统、农业节水技术相关知识”与“a33 农业生产者应了解过量使用农药、化肥等对湖泊、河流以及地下水的影响，掌握正确使用农药，合理使用化肥的基本知识与方法”这两条概念化语句的目标群体为农业生产者，不适合作为整个公民水素养基准要求，所以应该予以删除。另外，个别概念化语句描述应该予以调整，例如概念化语句“a108 关注并通过图书、报刊和网络等途径检索、收集与水相关的知识和信息”中提到通过图书、报刊收集水相关知识和信息，但实体纸质图书与报刊信息传播较慢，当前为信息化时代，虽然可以通过图书、报刊等渠道获取相关信息，但更多地应该通过网络渠道获取相关信息，可以修改为“关注并通过各种网络信息渠道检索、收集与水相关的知识和信息动态”。

二、定量研究中存在的问题

（一）一级指标仍需凝练

通过定量研究方法共得到 12 个一级指标，分别是“具有一定的水资源与水环境知识、具有一定的水安全与水管理知识、具有一定的水情感、参与护水行为、知道水的主要性质、在生活中做到节约用水、掌握与水相关的生活技能、水资源相关知识、水的商品属性相关知识、规避水危险、坚持水的可持续发展、了解水循环相关知识”，这些一级指标都是通过严格的探索性因子分析得来，因此研究过程科学客观。但可能由于问卷预试对象在填写问卷时的理解问题，存在部分一级指标重复的问题。另外一级指标个数为 12 个，很明显凝练性不够。因此，需要对 12 个一级指标进行凝练与归纳，进一步提升其本身的科学性。

（二）具体题项包含内容不够全面

通过定量研究方法所确定的 78 个具体题项所包含的内容还不够全面，所删除掉的 32 个题项中有些题项不应该被删除。导致被删除有多种原因，可能是因为问卷调查的样本量不够，也可能是因为问卷调查的目标群体不够全面。因此，需要结合专家学者访谈的建议来确定某具体题项是否应该予以删除。在删除具体题项时，应当在保证不影响所制定水素养基准全面性的基础上对其修改。

（三）指标命名不够准确

通过定量研究方法对基准体系进行确定时，首先是对一级指标进行确定，再在一级指标的基础上确定二级指标，该过程严格按照因子分析过程进行，具有相当的科学性，但由于确定的指标包含的具体题项较为分散，导致对指标进行命名时存在命名不够准确的问题，例如第 1 个二级指标“了解水环境相关知识”包含 14 个题项，分别是题项 30、70、73、74、24、29、26、27、35、15、36、28、59、46，其中大部分题项集中在水环境相关知识，但存在个别题项不完全属于该指标，例如题项 73“了解联合国制定的与水相关的战略和计划”，以及题项 74“了解各级水行政部门颁布的涉水法律和规定”更多的属于水政策方面。因此，通过定量研究方法确定的指标存在命名不够准确的问题，具体整合时应当根据现实情况而确定。

第二节　基准整合

一、水素养基准的框架与内容整合

（一）水素养基准的框架整合

在本研究中，定性研究方法构建的公民水素养基准体系框架组成为：4 个核心范畴→12 个主范畴→24 个副范畴→110 条概念化语句；定量研究方法构建的公民水素养基准体系框架组成为：12 个一级指标→14 个二级指标→78 个具体题项。借鉴当前国家颁布的教师专业标准的框架组成“维度→领域→基本要求”以及科学素质基准的框架模式，参考专家学者的建议，本书决定将采用“维度→领域→基准→基准点”的形式制定公民水素养基准的体系框架。

具体形式如图 5-1 所示。

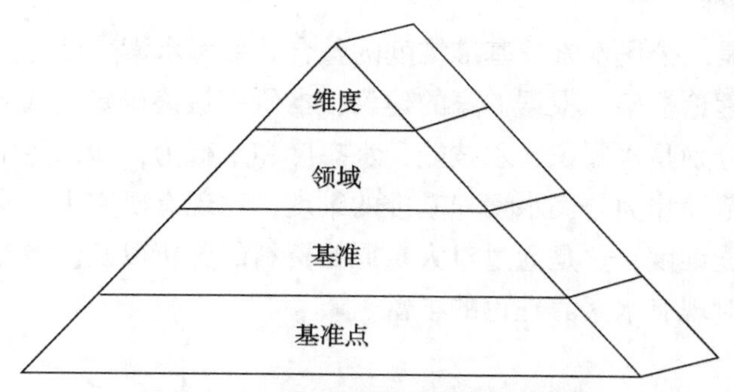

图 5-1　公民水素养基准的体系框架

（二）水素养基准的内容整合

确定好公民水素养基准的框架后，将对公民水素养基准的内容进行整合。因为水素养基准中基准点的变化可能会引起基准的变化，再引起领域的变化，甚至可能导致维度发生变化。所以，在对内容进行整合时，应当采用逆向顺序对内容进行整合，即按照“基准点→基准→领域→维度”的顺序对内容进行逐一整合确认。

首先是对公民水素养基准点的确定。通过定性研究最终确定 110 个概念化语句，而定量研究中通过因子分析最终只确定了 78 个具体题项，对于所删除的 32 条概念化语句进行分析，并参考专家学者建议，最终决定在定性研究得到的 110 条概念化语句的基础上删除 10 条概念化语句，同时对其中 1 条概念化语句进行修改，最终得到 100 条概念化语句，即 100 个基准点。

其次是对公民水素养基准中领域和基准层面的整合。在所确定的 100 个基准点的基础上，对基准进行调整，发现副范畴“A7 坚持水的可持续发展”中的题项仅包括 2 个基准点，其中基准点“a13 知道水是生命之源、生态之基和生产之要，既要满足当代人的需求，又不损害后代人满足其需求的能力”可以划分到“A6 具有一定的水资源相关知识”中，基准点“a60 知道中水回用是水资源可持续利用的重要方式”可以划分到“A14 了解水循环相关知识”中，因此将“A7 坚持水的可持续发展”删除；副范畴“A15 增强护水意识”仅包括一个基准点，可将该基准点划分到“A22 树立节水意识”中并将其改名为“增强水意识”；另外主范畴“AA6 节水知识”可以划分到“AA4 水资源与环境知识”中。通过对基准及领域的调整，最终优化整合得到 11 个领域和 22 条基准。

最后是对公民水素养基准维度的整合。参考水素养已有的研究基础及现有的水素养理论框架，根据专家的建议，本研究最终确定公民水素养基准包括 4 个维度，分别是水知识、水技能、水态度和水行为，即采用定性研究方法中确定的核心范畴作为公民水素养基准的维度，比现有研究中水素养的概念里多了一个水技能维度，这是通过对大量原始资料的分析以及参考专家学者的建议确定的，是对现有水素养理论的丰富。

二、公民水素养基准的最终形成

通过对公民水素养基准框架和内容的整合，最终得到了“维度→领域→基准→基准点”的框架形式，以及根据该框架确定了内容，具体包括 4 个维度，11 个领域，22 条基准，以及 100 个基准点。

具体内容如表 5-1 所示。

表 5-1　公民水素养基准

维度（4）	领域（11）	基准（22）	基准点（100）
水知识	水资源与环境知识	具有一定的水资源相关知识	a22 了解地球上水的分布状况，知道地球总面积中陆地面积和海洋面积的百分比，了解地球上主要的海洋和江河湖泊相关知识
			a35 了解人工湿地的作用和类型
			a63 了解中国的水分布特点以及重要水系、雪山、冰川、湿地、河流和湖泊等
			a13 知道水是生命之源、生态之基和生产之要，既要满足当代人的需求，又不损害后代人满足其需求的能力
		了解水循环相关知识	a34 知道在水循环过程中，水的时空分布不均造成洪涝、干旱等灾害
			a39 知道地球上的水在太阳能和重力作用下，以蒸发、水汽输送、降水和径流等方式不断运动，形成水循环
			a100 知道如何回收并利用雨水
			a60 知道中水回用是水资源可持续利用的重要方式
		具有一定的水生态环境知识	a42 了解水环境检测、治理及保护措施
			a43 了解水环境容量的相关知识，知道水体容纳废物和自净能力有限，知道人类污染物排放速度不能超过水体自净速度
			a50 了解水污染的类型、污染源与污染物的种类，以及控制水污染的主要技术手段
			a51 知道过量开采地下水会造成地面沉降、地下水水位降低、沿海地区海水倒灌等现象
			a54 知道水生态环境的内部要素是相互依存的，同时与经济社会等其他外部因素也相互关联
			a74 知道污水必须经过适当处理达标后才能排入水体
			a98 知道节水可以保护水资源、减少污水排放，有益于保护环境
			a102 知道水是不可再生资源，水生态系统一旦被破坏很难恢复，恢复被破坏或退化的水生态系统成本高、难度大、周期长
		具有一定的节水知识	a23 了解工业节水的重要意义，知道工业生产节水的标准和相关措施
			a27 了解合同节水及相关节水管理知识
			a99 知道节约用水要从自身做起、从点滴做起

续表

维度（4）	领域（11）	基准（22）	基准点（100）
水知识	水安全与管理知识	具有一定的水安全知识	a6 当洪灾、旱灾发生时知道如何应对以减少损失
			a18 了解当地防洪、防旱基础设施概况以及当地雨洪特点
			a26 了解国内外重大水污染事件及其影响
			a52 知道饮用受污染的水会对人体造成危害，会导致消化疾病、传染病、皮肤病等，甚至导致死亡
			a96 知道使用深层的存压水、高氟水会危害健康
		具有一定的水管理知识	a17 了解当地个人生活用水定额，尽量将自身生活用水控制在定额之内
			a21 了解地表水和污水监测技术规范、治理情况（见 P60）
			a28 知道河长制是保护水资源、防治水污染、改善水环境、修复水生态的河湖管理保护机制，是维护河湖健康生命、实现河湖功能永续利用的重要制度保障
			a46 了解我国水利管理组织体系，知道各级人民政府在组成部门中设置了水行政主管部门，规范各种水事活动
		了解水的商品属性相关知识	a44 了解水价在水资源配置、水需求调节等方面的作用
			a47 了解水权制度，知道水资源属于国家所有，单位和个人可以依法依规使用和处置，须由水行政主管部门颁发取水许可证并向国家缴纳水资源费（税）
			a53 知道“阶梯水价”将水价分为两段或者多段，在每一分段内单位水价保持不变，但是单位水价会随着耗水量分段而增加
	水基础知识	知道水的主要性质	a40 了解水的物理知识，如水的冰点与沸点、三态转化、颜色气味、硬度等
			a62 了解水的化学知识，如水的化学成分和化学式等
		了解水与生命的相关知识	a48 了解水人权概念，知道安全的清洁饮用水和卫生设施是一项基本人权，国家要在水资源分配和利用中优先考虑个人的使用需求
			a85 掌握正确的饮水知识，不喝生水，最好喝温开水，成人每天需要喝水 1500~2500 毫升
			a89 了解水对生命体的影响

续表

维度（4）	领域（11）	基准（22）	基准点（100）
水技能	水安全技能	掌握一定的水安全技能	a57 能看懂水质量报告
			a64 能根据气味和颜色等物理特征初步识别有害水体
			a66 能够根据水的流速和颜色等识别水体的危险性
			a67 能够识别潜在的热水烫伤危险
			a68 能够识别并远离生活中与水有关的潜在危险设施，如窨井盖、水护栏等
			a71 能够识别与水有关的危险警示标志
			a86 掌握游泳技能，达到能熟练运用至少一种泳姿的要求
			a91 掌握洪涝、泥石流等灾害发生时的逃生技能
			a92 掌握溺水自救方法
			a94 掌握施救落水人员的正确处理方法
	水生活技能	掌握与水相关的生活技能	a9 会查看水表
			a69 能够识别“国家节水标志”
			a70 能够识别水效标识
			a73 能看懂用水相关产品的标签和说明书
水态度	水情感	在生活中对水有所关注	a8 关注公共场合用水的查漏塞流
			a20 了解当地短时段内的冷热、干湿、晴雨等气候状态
			a105 关注并学习和使用与水相关的新知识、新技术
			a108 关注并通过各种网络信息渠道检索、收集与水相关的知识和信息动态
		具有一定的水兴趣	a19 了解当地与水相关的风俗习惯和故事传说
			a25 了解古代人水关系及古人对水的看法
			a38 了解水车、水泵、蒸汽机的基本原理及其对经济社会发展的作用
			a55 了解我国历史和现代重要水利专家及治水人物事迹
			a56 了解我国历史上发生的严重洪灾、旱灾状况及对社会的影响
			a58 了解我国当代重大水利水电工程和一些重要的水利风景区
			a59 了解与水相关的诗词、成语、谚语，例如“上善若水”等
			a101 知道世界水日、中国水周具体时间并积极参与世界水日、中国水周等举办的特定主题活动
			a103 了解四大文明古国的缘起以及江河流域对文明传承的贡献

续表

维度（4）	领域（11）	基准（22）	基准点（100）
水态度	水情感	关注水政策	a30 了解联合国制定的与水相关的战略和计划
			a61 了解各级水行政部门颁布的涉水法律和规定
	水意识	树立水意识	a37 具有保护海洋的意识，知道合理开发利用海洋资源的重要意义
			a12 知道水资源及其承载力是有限的，要具有危机意识和节水意识
			a24 生产者在生产经营活动中，应树立生产节水意识，选用节水生产技术
	水责任	履行水责任	a90 自觉地保护所在地的饮用水水源地
			a107 主动承担并履行节水、爱水、护水责任
			a110 自觉遵守各级水行政部门颁布的涉水法律和规定
水行为	水灾害避险行为	规避与水相关的危险行为	a1 不在公园水池、喷泉池等水池中戏水
			a2 打雷、下大雨时，远离大树、墙根、河岸堤、危房、建筑物等危险地方
			a80 提前关注天气预报，避免大雨、暴雨、海啸等极端天气带来的危害
			a84 避免戏水时的危险动作并具有应急避险意识，时刻注意同伴位置，避免落单
			a87 远离非正规戏水场地，下水前做足准备、热身活动
			a88 远离水流湍急或水质浑浊的危险水域，不在未知水域及有禁止下水标志警示牌的水域戏水
	节水行为	发现存在水浪费时应当有所作为	a3 当发现水管爆裂、水龙头破坏等漏水现象时要及时向相关人员反映
			a4 当发现他人有浪费水的行为时应当及时上前制止
			a5 当在公共场合发现水龙头未关紧、有滴漏现象时，应主动上前关闭
		在家庭生活中做到节约用水	a7 当洗手使用香皂或洗手液时，要及时关闭水龙头
			a16 尽量不要用水解冻食品
			a72 能够一水多用和循环用水，如淘米水浇花、洗衣水拖地等
			a75 清洗餐具、蔬菜时可用容器接水洗涤，而不是用大量水进行冲洗
			a76 清洗油污过重餐具时可先用纸擦去油污，然后进行冲洗

续表

维度（4）	领域（11）	基准（22）	基准点（100）
水行为	节水行为	在家庭生活中做到节约用水	a77 使用节水的生活器具，如新型节水马桶、节水龙头等
			a78 使用热水时，对刚开始所放冷水进行回收利用
			a79 刷牙时用牙杯接水后要关闭水龙头再刷
			a81 洗脸时不要将水龙头始终打开，应该间断性放水，避免直流造成浪费
			a82 洗衣服时投放适量洗衣粉（液），尽量使用无磷洗涤用品
			a83 洗澡时尽量使用节水花洒淋浴，搓洗香皂或沐浴液时要及时关闭淋浴头
	护水行为	规范自身护水行为	a41 不往水体中丢弃、倾倒废弃物
			a106 主动保护海洋环境，如不往水体中丢弃、倾倒废弃物，主动捡起垃圾、制止污染行为等
		参与防范水污染的说服和制止行为	a15 及时制止他人往水体中乱丢垃圾的行为
			a65 能够初步识别他人或组织的涉水违法行为，并对其进行举报
			a109 主动制止、举报个人或组织的水污染行为
		积极参与护水活动	a10 积极参观游览与水相关名胜古迹、水利博物馆、水情教育基地
			a11 积极参加节水相关活动，如节水知识竞赛、节水创意作品征集活动
			a14 积极参加植树造林活动
			a95 参与节水、爱水、护水的宣传教育活动

第三节　公民水素养基准框架

该基准采用“基准点→基准→领域→维度”的框架形式，形成了包括 4 个维度，11 个领域，22 条基准和 100 个基准点的公民水素养基准。4 个维度，分别是水知识、水技能、水态度和水行为，其中水知识包括水基础知识、水资源与环境知识、水安全与管理知识 3 个领域；水技能包括水安全技能、水生活技能 2 个领域；水态度包括水情感、水意识、水责任 3 个领域；水行为包括水灾害避险行为、节水行为、护水行为3个领域；这11个领域所包括的具体基准及基准点如下：

表5-2 公民水素养基准框架

维度（4）	领域（11）	基准（22）	基准点（100）
水知识	水基础知识	知道水的主要性质	1-2
		了解水与生命的相关知识	3-5
	水资源与环境知识	具有一定的水资源相关知识	6-9
		了解水循环相关知识	10-13
		具有一定的水生态环境知识	14-21
		具有一定的节水知识	22-24
	水安全与管理知识	具有一定的水安全知识	25-29
		具有一定的水管理知识	30-33
		了解水的商品属性相关知识	34-36
水技能	水安全技能	掌握一定的水安全技能	37-46
	水生活技能	掌握与水相关的生活技能	47-50
水态度	水情感	关注生活中的水事信息	51-54
		具有一定的水兴趣	55-63
		关注水政策	64-65
	水意识	增强水意识	66-68
	水责任	履行水责任	69-71
水行为	水灾害避险行为	规避与水相关的危险行为	72-77
	节水行为	发现存在水浪费时应当有所作为	78-80
		在家庭生活中做到节约用水	81-91
	护水行为	规范自身护水行为	92-93
		参与防范水污染的说服和制止行为	94-96
		积极参与护水活动	97-100

一、知道水的主要性质

基准点1：了解水的物理知识，如水的冰点与沸点、三态转化、颜色气味、硬度等。

基准点 2：了解水的化学知识，如水的化学成分和化学式等。

二、了解水与生命的相关知识

基准点 3：了解水人权的概念，知道安全的清洁饮用水和卫生设施是一项基本人权，国家要在水资源分配和利用中优先考虑个人的使用需求。

基准点 4：掌握正确的饮水知识，不喝生水，最好喝温开水，成人每天需要喝水 1500~2500 毫升。

基准点 5：了解水对生命体的影响。

三、具有一定的水资源相关知识

基准点 6：了解地球上水的分布状况，知道地球总面积中陆地面积和海洋面积的百分比，了解地球上主要的海洋和江河湖泊相关知识。

基准点 7：了解人工湿地的作用和类型。

基准点 8：了解中国的水分布特点以及重要水系、雪山、冰川、湿地、河流和湖泊等。

基准点 9：知道水是生命之源、生态之基和生产之要，既要满足当代人的需求，又不损害后人满足其需求的能力。

四、了解水循环相关知识

基准点 10：知道在水循环过程中，水的时空分布不均造成洪涝、干旱等灾害。

基准点 11：知道地球上的水在太阳能和重力作用下，以蒸发、水汽输送、降水和径流等方式不断运动，形成水循环。

基准点 12：知道如何回收并利用雨水。

基准点 13：知道中水回用是水资源可持续利用的重要方式。

五、具有一定的水生态环境知识

基准点 14：了解水环境检测、治理及保护措施。

基准点 15：了解水环境容量的相关知识，知道水体容纳废物和自净能力有限，知道人类污染物排放速度不能超过水体自净速度。

基准点 16：了解水污染的类型、污染源与污染物的种类，以及控制水污染的主要技术手段。

基准点 17：知道过量开采地下水会造成地面沉降、地下水水位降低、沿海地区海水倒灌等现象。

基准点 18：知道水生态环境的内部要素相互依存，同时与经济社会等其他外部因素也相互关联。

基准点 19：知道污水必须经过适当处理达标后才能排入水体。

基准点 20：知道节水可以保护水资源、减少污水排放，有益于保护环境。

基准点 21：知道水是不可再生资源，水生态系统一旦被破坏很难恢复，恢复被破坏或退化的水生态系统成本高、难度大、周期长。

六、具有一定的节水知识

基准点 22：了解工业节水的重要意义，知道工业生产节水的标准和相关措施。

基准点 23：了解合同节水及相关节水管理知识。

基准点 24：知道节约用水要从自身做起、从点滴做起。

七、具有一定的水安全知识

基准点 25：当洪灾、旱灾发生时知道如何应对以降低损失。

基准点 26：了解当地防洪、防旱基础设施概况以及当地雨洪特点。

基准点 27：了解国内外重大水污染事件及其影响。

基准点 28：知道饮用受污染的水会对人体造成危害，会导致消化疾病、传染病、皮肤病等，甚至导致死亡。

基准点 29：知道使用深层的存压水、高氟水会危害健康。

八、具有一定的水管理知识

基准点 30：了解当地个人生活用水定额，尽量将自身生活用水控制在定额内。

基准点 31：了解地表水和污水监测技术规范。

基准点 32：知道河长制是保护水资源、防治水污染、改善水环境、修复水生态的河湖管理保护机制，是维护河湖健康、实现河湖功能永续利用的重要制度保障。

基准点 33：了解我国水利管理组织体系，知道各级人民政府在组成部门中设置了水行政主管部门，规范各种水事活动。

九、了解水的商品属性相关知识

基准点 34：了解水价在水资源配置、水需求调节等方面的作用。

基准点 35：了解水权制度，知道水资源属于国家所有，单位和个人可以依法依规使用和处置，须由水行政主管部门颁发取水许可证并向国家缴纳水资源费（税）。

基准点 36：知道“阶梯水价”将水价分为两段或者多段，在每一分段内单位水价保持不变，但是单位水价会随着耗水量分段而增加。

十、掌握一定的水安全技能

基准点 37：能看懂水质量报告。

基准点 38：能根据气味和颜色等物理特征初步识别有害水体。

基准点 39：能够根据水的流速和颜色等识别水体的危险性。

基准点 40：能够识别潜在的热水烫伤危险。

基准点 41：能够识别并远离生活中与水有关的潜在危险设施，如窨井盖、水护栏等。

基准点 42：能够识别与水有关的危险警示标志。

基准点 43：掌握游泳技能，达到能熟练运用至少一种泳姿的要求。

基准点 44：掌握洪涝、泥石流等灾害发生时的逃生技能。

基准点45：掌握溺水自救方法。

基准点46：掌握施救落水人员的正确处理方法。

十一、掌握与水相关的生活技能

基准点47：会查看水表。

基准点48：能够识别“国家节水标志”。

基准点49：能够识别水效标识。

基准点50：能看懂用水相关产品的标签和说明书。

十二、关注生活中的水事信息

基准点51：关注公共场合用水的查漏塞流。

基准点52：关注并了解当地短时段内的冷热、干湿、晴雨等气候状态。

基准点53：关注并学习和使用与水相关的新知识、新技术。

基准点54：关注并通过各种网络信息渠道检索、收集与水相关的知识和信息动态。

十三、具有一定的水兴趣

基准点55：了解当地与水相关的风俗习惯和故事传说。

基准点56：了解古代人水关系及古人对水的看法。

基准点57：了解古代水车、水泵、蒸汽机的基本原理及其对经济社会发展的作用。

基准点58：了解我国历史和现代重要水利专家及治水人物事迹。

基准点59：了解我国历史上发生的严重洪灾、旱灾状况及对社会的影响。

基准点60：了解我国当代重大水利水电工程和一些重要的水利风景区。

基准点61：了解与水相关的诗词、成语、谚语，例如“上善若水”等。

基准点62：知道世界水日、中国水周具体时间并积极参与世界水日、中国水周等举办的特定主题活动。

基准点63：了解四大文明古国的缘起以及江河流域对文明传承的贡献。

十四、关注水政策

基准点 64：了解联合国制定的与水相关的战略和计划。

基准点 65：了解各级水行政部门颁布的涉水法律和规定。

十五、增强水意识

基准点 66：具有保护海洋的意识，知道合理开发利用海洋资源的重要意义。

基准点 67：知道水资源及其承载力是有限的，要具有危机意识和节水意识。

基准点 68：生产者在生产经营活动中，应树立生产节水意识，选用节水生产技术。

十六、履行水责任

基准点 69：自觉地保护所在地的饮用水水源地。

基准点 70：主动承担并履行节水、爱水、护水责任。

基准点 71：自觉遵守各级水行政部门颁布的涉水法律和规定。

十七、规避与水相关的危险行为

基准点 72：不在公园水池、喷泉池等水池中戏水。

基准点 73：打雷、下大雨时，远离大树、墙根、河岸堤、危房、建筑物等危险地方。

基准点 74：提前关注天气预报，避免大雨、暴雨、海啸等极端地质灾害和天气带来的危害。

基准点 75：避免戏水时的危险动作并增强应急避险意识，时刻注意同伴位置，避免落单。

基准点 76：远离非正规戏水场地，下水前做足准备、热身活动。

基准点 77：远离水流湍急或水质浑浊的危险水域，不在未知水域及有禁止下水标志警示牌的水域戏水。

十八、发现存在水浪费时应当有所作为

基准点 78：当发现水管爆裂、水龙头破坏等漏水现象时要及时向相关人员反映。

基准点 79：当发现他人有浪费水行为时应当及时上前制止。

基准点 80：当在公共场合发现水龙头未关紧、有滴漏现象时，应主动上前关闭。

十九、在家庭生活中做到节约用水

基准点 81：当洗手使用香皂或洗手液时，要及时关闭水龙头。

基准点 82：尽量不要用水解冻食品。

基准点 83：能够一水多用和循环用水，如淘米水浇花、洗衣水拖地等。

基准点 84：清洗餐具、蔬菜时可用容器接水洗涤，而不是用大量水进行冲洗。

基准点 85：清洗油污过重餐具时可先用纸擦去油污，然后进行冲洗。

基准点 86：使用节水的生活器具，如新型节水马桶、节水龙头等。

基准点 87：使用热水时，对刚开始所放冷水进行回收利用。

基准点 88：刷牙时用牙杯接水后要关闭水龙头再刷。

基准点 89：洗脸时不要将水龙头始终打开，应该间断性放水，避免直流造成浪费。

基准点 90：洗衣服时投放适量洗衣粉（液），尽量使用无磷洗涤用品。

基准点 91：洗澡时尽量使用节水花洒淋浴，搓洗香皂或沐浴液时要及时关闭淋浴头。

二十、规范自身护水行为

基准点 92：不往水体中丢弃、倾倒废弃物。

基准点 93：主动保护海洋环境，如不往水体中丢弃、倾倒废弃物，主动捡起垃圾、制止污染行为等。

二十一、参与防范水污染的说服和制止行为

基准点 94：及时制止他人往水体中乱丢垃圾的行为。
基准点 95：能够初步识别他人或组织的涉水违法行为，并对其进行举报。
基准点 96：主动制止、举报个人或组织的水污染行为。

二十二、积极参与护水活动

基准点 97：积极参观游览与水相关名胜古迹、水利博物馆、水情教育基地。

基准点 98：积极参加节水相关活动，如节水知识竞赛、节水创意作品征集活动。

基准点 99：积极参加植树造林活动。

基准点 100：参与节水、爱水、护水的宣传教育活动。

第六章　公民水素养基准释义

本章一到九为水知识基准释义，十到十一为水技能基准释义，十二到十六为水态度基准释义，十七到二十二为水行为基准释义。

一、知道水的主要性质

基准点 1：了解水的物理知识，如水的冰点与沸点、三态转化、颜色气味、硬度等。

【释义】

本条是关于水知识中水基础知识的基准点。

设置本基准点的目的在于让公民知道水的物理特性。

这些物理知识揭示出水的不同形态、特点，以及各种形态的相互联系与相互转化，确定的基本概念和基本规律是公民水素养的重要基础，并从这些概念出发构成逻辑严密的概念体系，对公民了解水的物理知识具有重要作用。同时，也可以通过这些物理知识了解人类认识物质世界的过程和方法。

此基准点的主要要求包括四个方面：①知道水在常压下的冰点是 0℃，沸点是 100℃；②知道水有固态、液态和气态三种状态，三种状态之间是可以相互转化的，并了解这三种状态相互转化的条件；③知道水是无色无味的液体；④知道水是分硬度的，水的硬度是指溶解在水中盐类物质的含量，凡不含或含有少量钙、镁离子的水称为软水，反之称为硬水。

基准点 2：了解水的化学知识，如水的化学成分和化学式等。

【释义】

本条是关于水知识中水基础知识的基准点。

设置本基准点的目的在于让公民知道水的化学知识。

这些化学特性揭示出水在不同条件下与各种物质产生的化学反应，以及水的化学式和结构式，确定的是水的化学基础知识以及化学变化基本规律，并从这些概念出发构成严密的概念体系，对于公民了解水的化学知识具有重要作用。同时，也可以通过这些化学知识了解人类认识物质世界在不同条件下发生反应产生新物质的过程和方法。

此基准点的主要要求包括三个方面：①知道水的各个分子由两个氢原子和一个氧原子构成，可在通电的条件下分解为氢气和氧气；②知道水的化学式为H_2O；③水可与多种物质在不同条件下发生化学反应。

二、了解水与生命的相关知识

基准点3：了解水人权的概念，知道安全的清洁饮用水和卫生设施是一项基本人权，国家要在水资源分配和利用中优先考虑个人的使用需求。

【释义】

本条是关于水知识中水基础知识的基准点。

设置本基准点的目的在于让公民知道水人权的概念。

水人权是生存权的基本内容之一，是实现其他人权的前提。充分了解水人权，有利于我国公民更有效地行使此项权利。当公民的权利受到损害时，能够有效地维护自身的利益。水人权是实现众多人权（生命权、健康权、物权等）的前提与条件，是保障生活相当水准和维护生存的必要和根本条件，也体现在公民水素养的人权认知方面。水人权概念和相关法律条文构成权利与法律体系，对公民了解水人权概念具有重要作用。同时，也可以通过水人权知识了解我国公民应该享受的基本权利。

此基准点的主要要求包括三个方面：①知道获得可饮用和清洁的水是每个人的权利，知道安全的清洁饮用水和卫生设施是一项基本人权；②国家要在水资源分配和利用中优先考虑个人的使用需求；③保障水人权需要国家机构和组织个人共同参与。

基准点4：掌握正确的饮水知识，不喝生水，最好喝温开水，成人每天需要喝水1500~2500毫升。

【释义】

本条是关于水知识中水基础知识的基准点。

设置本基准点的目的在于让公民掌握正确的饮水知识。

水是生命之源，是人体七大营养物质之一，是机体不可缺少的重要组成部分，对人体健康起着重要的作用。饮水与身体健康息息相关，健康饮水不但能够维持人体正常的生理功能，还能预防疾病，促进身体健康，延长寿命，科学、合理、安心的饮用水，才能保障生命的健康生存。饮水知识体系体现出公民对待饮用水的基本素养，是公民水素养的重要基础，掌握和正确运用饮水知识有助于使水资源被更好地利用和保持机体的活力，也直接关系到公民的身心健康和环境保护。

此基准点的主要要求包括三个方面：①知道不喝生水，最好喝温开水；②成人每天需要喝水 1500～2500 毫升；③知道及时补充机体水分的好处与作用。

基准点 5：了解水对生命体的影响。

【释义】

本条是关于水知识中水基础知识的基准点。

设置本基准点的目的在于让公民知道水对生命体的影响。

水是构成一切生命体的基本成分，不管是动物还是植物，均以水维持最基本的生命活动，是生命发生、发育和繁衍的基本条件，万物生长都离不开水。水在人体生命活动中起着媒介作用，营养物质的消化、吸收，代谢产物的排出，酸碱平衡的维持及体温的调节都需要水的参与。从人体的构成来看，水是占人体比重最多的物质，人体一旦缺水非常严重，轻则口干舌燥、皮肤起皱，重则意识不清甚至出现幻视。水对生命体的影响相关知识，是展现公民对水的重要性认识的基本素养，是公民水素养的基础知识体系的重要组成部分。掌握水对生命体的影响的知识，有利于增强人们保护水资源的意识，有效地促进水资源保护工作和节水工作的开展。

此基准点的主要要求包括六个方面：①知道人的体重约 50%～70% 是水分；②知道水可以输送养分到身体每个细胞，并且输出废物到肺、肾再排泄到体外；③知道水是身体的化学反应、消化作用与新陈代谢最重要的元素；④知道水能够调节人体体温；⑤知道水能够保护身体各细胞组织和有关润滑关节的功能；⑥知道生命体缺水的后果。

三、具有一定的水资源相关知识

基准点 6：了解地球上水的分布状况，知道地球总面积中陆地面积和海洋面积的百分比，了解地球上主要的海洋和江河湖泊相关知识。

【释义】

本条是关于水知识中水资源与环境知识的基准点。

设置本基准点的目的在于让公民知道地球上水的分布状况。

地球上水的分布状况有效地显示出世界各地水资源的禀赋，陆地面积和海洋面积在地球总面积中所占的比重，以及地球上主要的海洋和江河湖泊的分布和利用情况。知晓淡水资源的分布和含量，能够让人类了解到可利用水资源在水资源总量中所占的比例，以及水资源紧缺的实际现状。这些知识形成了一个严密体系，构成了公民认识水资源分布和数量的基本素养。

此基准点的主要要求包括四个方面：①知道陆地面积占地球表面积的29%，海洋面积占地球表面积的71%；②知道地球上四大洋为太平洋、大西洋、北冰洋和印度洋；③知道目前世界上可利用的淡水资源量较少，主要来源为河流水、淡水湖泊以及浅层地下水；④知道世界上比较著名的江河湖海。

基准点7：了解人工湿地的作用和类型。

【释义】

本条是关于水知识中水资源与环境知识的基准点。

设置本基准点的目的在于让公民知道人工湿地的功能、作用、特点以及类型。

人工湿地是由人工建造和控制运行的与沼泽地类似的地面，将污水、污泥按照一定的规律投送到人工建造的湿地上，利用土壤、人工介质、植物、微生物的物理、化学、生物三重协同作用，进而完成对污水、污泥的处理。人工湿地是一个综合的生态系统，应用生态系统中物种共生、物质循环再生原理，结构与功能协调原则，在促进废水中污染物质良性循环的前提下，充分发挥资源的生产潜力，防止环境的再污染，获得污水处理与资源化的最佳效益。人工湿地的植物还能够为水体输送氧气，增加水体的活性。湿地植物在控制水质污染、降解有害物质上也起到了重要的作用。人工湿地是环境保护和水资源保护工作的重要组成部分。了解人工湿地的功能、特点和类型可以进一步了解环境保护和水资源保护相关知识，有利于推进我国环境保护和水资源保护工作的进程，是公民水素养中水基础知识的主要体现形式之一。

此基准点的主要要求包括四个方面：①知道人工湿地的主要功能和特点，包括吸附、滞留、过滤、氧化还原、沉淀、微生物分解、转化、植物遮蔽、残留物积累、蒸腾水分和养分吸收等；②知道人工湿地应用生态系统中物种共生、物质循环再生原理，结构与功能协调原则，并且认识到人工湿地不仅能作为一种景观，还能起到净化污水的作用；③了解人工湿地的类型，主要分为地表流人工湿地、潜流式人工合成湿地、垂直流潜流式人工湿地、水平流潜流式人工湿地、沟渠型人工湿地；④知道所在城市的人工湿地公园，认识到保护人工湿地公园的重要性。

基准点 8：了解中国的水分布特点以及重要水系、雪山、冰川、湿地、河流和湖泊等。

【释义】

本条是关于水知识中水资源与环境知识的基准点。

设置本基准点的目的在于让公民知道中国水资源分布的状况和特点，以及重要水系、雪山、冰川、湿地、河流和湖泊等情况。

我国的水资源分布不均，在水资源利用和调度中出现许多问题。要做好水资源的利用与保护工作，就要了解水资源分布及其重要作用，我国水资源的特点，水资源的利用与保护措施。

此基准点的主要要求包括九个方面：①知道我国目前的水资源分布状况，包括我国水资源总量较丰富，人均和地均拥有量少，我国水资源东多西少、南多北少；②知道我国水资源夏秋季多，冬春季少；③知道我国主要淡水资源和主要饮用水的来源；④知道中国境内“七大水系”均为河流构成，均属太平洋水系，分别是珠江水系、长江水系、黄河水系、淮河水系、辽河水系、海河水系和松花江水系；⑤知道中国四大雪山以及认识到雪山对我国水资源开发利用的重要作用；⑥了解我国境内已知的冰川及其分布和特点；⑦知道我国著名的湿地自然保护区，如最大的湿地自然保护区是三江源自然保护区；⑧知道中国的主要河流，如长江、黄河等；⑨知道中国最大的湖泊为青海湖，位于青藏高原东北部、青海省境内，是中国最大的内陆湖、咸水湖等。

基准点 9：知道水是生命之源、生态之基和生产之要，既要满足当代人的需求，又不损害后人满足其需求的能力。

【释义】

本条是关于水知识中水资源与环境知识的基准点。

设置本基准点的目的在于让公民知道水是人类生命起源和生存发展的基础，对于水的利用和开发要坚持可持续发展的理念，在满足当代人的需求的同时，还要兼顾后人的发展需要，不能损害后人满足其需求的能力。

水是生命的源泉，是人类生存和发展不可或缺的重要物质资源，人的生命一刻也离不开水。水是大自然赋予人类的宝贵财富，清楚地了解水在人类生命活动中的重要作用，有利于人们增强水资源保护意识，使水资源的开发利用实现可持续发展，不仅要满足当代人生产生活的需要，也要让子孙后代拥有足够的水资源。拥有水资源可持续利用观念是公民水素养的重要基础，同时有助于人类实现可持续发展。

此基准点的主要要求包括四个方面：①知道水是生命之源，在生命演化中起到了重要的作用，是包括人类在内所有生命生存的重要资源，也是生物体最重要的组成部分；②知道水是生态之基，发展生态水利，实现人水和谐，是生态文明建设的必要基础和重要标志；③知道水是生产之要，是经济社会发展不可替代的基础支撑；④知道水资源的可持续发展是我国经济社会高质量发展的重要保障，合理利用与保护水资源，既要能够满足当代人的需求，又要满足后人的需求。

四、了解水循环相关知识

基准点 10：知道在水循环过程中，水的时空分布不均造成洪涝、干旱等灾害。

【释义】

本条是关于水知识中水资源与环境知识的基准点。

设置本基准点的目的在于让公民知道水循环过程中，水的时空分布不均以及特殊的地理位置、复杂的气候条件会造成洪涝、干旱等灾害。

水循环过程中，水的时空分布不均造成洪涝、干旱等灾害，揭示了水循环过程中时空分布不均产生的水灾害对人类生产和生活的影响，应提前做出预防措施，减少因灾害而产生的损失。同时，在经济社会发展过程中，粗放的经济增长方式、不合理的人类活动等因素，也是造成自然灾害的重要原因。该基准点所确定的基本概念和基本规律是公民水素养的重要基础，对于公民了解水洪涝、干旱等灾害知识具有重要作用。同时，可以通过这些知识了解人类在生产生活发展进程中对于水循环和人类活动对自然灾害影响的重视程度。

此基准点的主要要求包括四个方面：①知道水的时空分布不均是我国水资源的主要特点；②知道中国降水的年际变化和季节变化大，一般年份雨季集中在七、八两个月，中国是世界上多暴雨的国家之一，这是产生洪涝灾害的主要原因；③知道长时间无降水或降水偏少等气象条件是造成干旱的主要因素；

④了解现阶段存在的粗放的经济发展方式和不合理的人类活动对在区域水资源的影响。

基准点 11：知道地球上的水在太阳能和重力作用下，以蒸发、水汽输送、降水和径流等方式不断运动，形成水循环。

【释义】

本条是关于水知识中水资源与环境知识的基准点。

设置本基准点的目的在于让公民知道地球上的水，在太阳能和重力作用下产生的变化与流动，形成水循环。

水循环是联系地球各圈和各种水体的“纽带”，是“调节器”，调节了地球各圈层之间的能量，对冷暖气候变化起到了重要的作用。水循环系统是多环节的庞大动态系统，自然界中的水是通过多种路线实现其循环和相变的。水循环形成的基本概念和基本规律，是水可持续发展知识的重要基础，是展示公民水素养中水知识的基准之一，有利于公民进一步了解水循环相关知识。

此基准点的主要要求包括四个方面：①水是所有营养物质的介质，营养物质的循环和水循环不可分割地联系在一起；②知道水是物质很好的溶剂，在生态系统中起着能量传递和利用的作用；③知道水是地质变化的动因之一，矿质元素的流失和矿质元素的沉积往往要通过水循环来完成；④知道水循环产生的原因以及水循环在人们日常生活中产生的影响。

基准点 12：知道如何回收并利用雨水。

【释义】

本条是关于水知识中水资源与环境知识的基准点。

设置本基准点的目的在于让公民知道如何回收利用雨水，了解相关的技术和途径。

我国的水资源浪费十分严重，水资源匮乏是不争的事实。如何循环使用水资源，减少水资源浪费成为首要任务。随着水资源供需矛盾日益加剧，越来越多的国家认识到雨水的价值，并采取了很多相应措施，因地制宜地进行雨水综合利用。雨水收集利用，可以充分利用资源、改善生态环境、减少外排流量、减轻区域防洪压力。了解回收利用雨水知识是公民水素养的重要基础，并且符合我国可持续发展战略。

此基准点的主要要求包括四个方面：①知道雨水收集是用模块式蓄水箱收集到的雨水资源来冲洗厕所、浇洒路面、浇灌草坪、水景补水，甚至用于循环冷却水和消防水。可以缓解目前城市水资源紧缺的局面，是一种开源节流的有效途径。②知道雨水渗透是通过蓄水池将雨水下渗，补充地下水资源，改善生态环境，使淡水资源得到补充。③知道雨水滞留是当降雨量大过城市排水量时雨水收集模块将雨水存储，降低城市排水压力，从而提高城市排洪系统的可靠性，减少城市洪涝。④知道回收利用雨水的主要方式与利用途径。

基准点 13：知道中水回用是水资源可持续利用的重要方式。

【释义】

本条是关于水知识中水资源与环境知识的基准点。

设置本基准点的目的在于让公民了解中水以及中水回用的具体概念和相关技术，并且知道中水回用是水资源可持续利用的重要方式。

中水回用是有效利用水资源的重要途径之一，中水回用直接关系污染的减轻和环境的保护，中水回用还是城市发展的战略需要，为节约水资源做出重大贡献。了解中水回用知识是公民水素养的重要表现之一。同时，也可以通过中水回用相关知识了解节水技术的发展进程。

此基准点的主要要求包括四个方面：①知道中水以及中水回收的概念；②知道中水回用技术是将小区居民生活废（污）水（沐浴、盥洗、洗衣、厨房、厕所）集中处理后，达到一定的标准回用于小区的绿化浇灌、车辆冲洗、道路冲洗、家庭坐便器冲洗等，从而达到节约用水的目的；③知道中水回用可以利用各种物理、化学、生物等手段对工业排出的废水进行不同深度的处理，达到工艺要求的水质，然后回用到工艺中去，从而达到节约水资源，减少环境污染的目的；④中水水质必须要满足卫生要求、人们感观要求、设备构造方面的要求。

五、具有一定的水生态环境知识

基准点 14：了解水环境监测、治理及保护措施。

【释义】

本条是关于水知识中水资源与环境知识的基准点。

设置本基准点的目的在于让公民了解水环境监测的作用、水环境治理的方法和手段及采取的保护措施。

水环境监测是指按照水的循环规律（降水、地表水和地下水），对水的质和量以及水体中影响生态与环境质量的各种人为和天然因素所进行的统一的定时或随时监测。水环境监测是水环境保护的一项重要的前提性工作，是水环境保护必不可少的一环。水环境监测不仅为水环境保护工作提供资料和数据等科学依据，而且其最终的检测结果可直接影响水环境治理与保护决策，对经济社会发展有重要影响。水环境监测、治理及保护措施的相关知识是水生态环境知识的重要分支，是公民水知识的重要体现。同时，通过水环境监测、治理及保护措施可以了解人类水资源治理与保护的进展。

此基准点的主要要求包括三个方面：①知道我国初步建立了覆盖全国的环境监测网和环境监测技术体系框架；确立了水环境质量的监测路线体系，编制了水环境的监测技术规范以及污水主要污染物排放总量监测技术规范；研究制定了地表水水质定性评价、湖泊富营养化评价等技术规定。②知道水环境治理应考虑水资源状况、开发利用现状、污染程度以及水体自净能力和净化处理能力等多项因素，以谋求水环境整体防治的最优方案。③知道目前我国对于水资源保护的主要措施，如加强水环境监测预警、强化宣传、规划建设、执法监管等，积极配合我国水生态保护工作的推进。

基准点 15：了解水环境容量的相关知识，知道水体容纳废物和自净能力有限，知道人类污染物排放速度不能超过水体自净速度。

【释义】

本条是关于水知识中水资源与环境知识的基准点。

设置本基准点的目的在于让公民知道水环境容量的相关知识。

水环境容量相关知识揭示了水体能够被继续使用并保持良好生态系统时，所能容纳污水及污染物的能力，是制定地方性、专业性水域排放标准的依据之一。环境管理部门可利用水环境容量的计算结果，来确定在固定水域允许排入污染物的最大容量，进而控制排污总量。水环境容量的基本概念和相关知识点，是公民水素养中水知识水平测评的主要指标，这些概念对公民了解水环境容量的相关知识具有重要作用。同时，通过水环境容量的相关知识可以了解水体污染的过程以及不同水体容纳污染物的最大负荷量。

此基准点的主要要求包括三个方面：①知道水体容纳废物和自净能力有限；②知道人类污染物排放速度不能超过水体自净速度；③知道水环境容量大小与水体特征、水质目标、污染物特性及水环境利用方式有关。

基准点 16：了解水污染的类型、污染源与污染物的种类，以及控制水污染的主要技术手段。

【释义】

本条是关于水知识中水资源与环境知识的基准点。

设置本基准点的目的在于让公民知道水污染的基本定义、水污染的类型、污染源与污染物的种类、水污染的现状以及控制水污染的主要技术手段。

随着经济社会高速发展，人类活动造成了大量的水体污染。水污染日趋严重，有害化学物质造成水的使用价值降低或丧失，影响了我国水资源的可持续发展。水污染相关知识揭示了水体污染过程和水污染治理进程，以及水污染类型与水污染治理技术的关系，确定的基本概念和知识要点是公民具备科学水知识的重要基础，形成的相关知识体系对于公民了解水污染相关知识具有重要作用。

此基准点的主要要求包括五个方面：①知道水污染的基本概念以及水污染对水生态环境的影响；②知道水污染的类型有重金属污染、耗氧有机物污染、富营养化、油污染、病原微生物污染、有毒物污染、酸碱污染、热污染和放射性污染；③知道污染源的种类有矿山污染源、工业污染源、农业污染源和生活污染源；④知道影响水体的污染物种类繁多，大致可以将其划分为物理、化学、生物等种类；⑤知道控制水污染的主要技术有分散型污水处理技术、高浓度难降解有机废水处理技术和分段进水一体化生物膜技术等。

基准点 17：知道过量开采地下水会造成地面沉降、地下水水位降低、沿海地区海水倒灌等现象。

【释义】

本条是关于水知识中水资源与环境知识的基准点。

设置本基准点的目的在于让公民知道过量开采地下水会造成什么样的危害，对水生态环境会产生什么样的不良影响，如地面沉降、地下水水位降低、沿海地区海水倒灌等现象。

过量开采地下水是一个非常严峻的问题，地下水资源空间分布不均，供需矛盾问题凸显，如何合理利用地下水资源已成为人类面临的巨大挑战。过量开采地下水，造成采补失衡，严重影响了水资源的可持续利用。让公民知道过量开采地下水的恶劣后果，增加公民关于过度使用地下水的相关知识点，完善公民水知识体系，有利于增强公民节约用水的意识，从而有助于公民自身水素养的提升。

此基准点的主要要求包括三个方面：①过量开采地下水会造成地面沉降、地下水水位降低、沿海地区海水倒灌等现象；②过量开采地下水会影响植被生长，造成水土流失；③过量开采地下水会破坏房屋、公路、铁路、桥梁、水利、市政公用设施、矿山等工程建筑物。

基准点 18：知道水生态环境的内部要素相互依存，同时与经济社会等其他外部因素也相互关联。

【释义】

本条是关于水知识中水资源与环境知识的基准点。

设置本基准点的目的在于让公民了解水生态环境及其基本要素的概念和内涵，知道水生态环境的内部要素相互依存，并且与经济社会等外部因素紧密关联。

水生态环境的内部要素相辅相成、相互作用、相互影响，形成了水生态环境的完整结构和功能。经济社会高速发展对水生态环境造成了极大破坏，同时水生态环境的损害又制约了经济发展。通过水生态环境相关知识可以了解经济社会发展与水生态环境治理的辩证关系。

此基准点的主要要求包括两个方面：①了解水生态环境包含的要素及交互作用，如水文情势、河湖地貌形态、水体物理化学特征和生物组成，并且知道它们之间是相互依存的；②知道水生态环境基本要素与经济社会等其他外部因素也是相互关联的。

基准点 19：知道污水必须经过适当处理达标后才能排入水体。

【释义】

本条是关于水知识中水资源与环境知识的基准点。

设置本基准点的目的在于让公民知道生活、生产污水不能直接排放，必须经过适当处理达标后才能排入水体。

污水的不合理排放是造成水资源污染的源头之一，污水经过处理达标后排入水体能够有效降低水环境的压力，减少水环境污染。污水处理也是从源头治理水污染的措施之一。了解污水以及污水处理的相关概念是水资源和环境知识的主要内容，从这些概念出发，引导公民在处理污水时采用正确的处理方式。同时，通过污水处理知识可以了解我国治理水环境污染的有效措施。

此基准点的主要要求包括四个方面：①知道污水的分类，包括工业废水、生活污水、商业污水等；②知道水污染物排放标准通常被称为污水排放标准，根据受纳水体的水质要求，结合环境特点和社会、经济、技术条件，对排入环境的废水中的水污染物和产生的有害因子所做的控制标准，污水排放标准可以分为国家排放标准、地方排放标准和行业标准；③知道水污染成因的主要污染源，包括病原体污染物、耗氧污染物、植物污染物、有毒污染物、石油类污染物等；④知道污水必须经过适当处理达标后才能排入水体。

基准点 20：知道节水可以保护水资源、减少污水排放，有益于保护环境。

【释义】

本条是关于水知识中水资源与环境知识的基准点。

设置本基准点的目的在于让公民知道节水可以保护水资源、减少污水排放，有益于保护环境。

水并不是用之不尽取之不竭的，节约用水需要我们从身边的每一件事做起，从生活的点点滴滴做起。我国是一个严重缺水的国家，节水是我们每个人的责任和义务。节水并不是不让用水而是合理高效用水，从而减少水资源浪费和污水产生，对保护环境也有很大帮助。节约用水涉及生活方方面面，是一个庞大的体系，是水知识体系的重要基础。同时，通过节约用水知识了解水资源现状以及人类节水技术的发展。

此基准点的主要要求包括两个方面：①知道节水是指通过行政、技术、经济等手段加强用水管理，调整用水结构，改进用水方式，科学、合理、有计划、有重点地用水，提高水的利用率，避免水资源的浪费；②知道节水可以保护水资源、减少污水排放，有益于保护环境。

基准点 21：知道水是不可再生资源，水生态系统一旦被破坏很难恢复，恢复被破坏或退化的水生态系统成本高、难度大、周期长。

【释义】

本条是关于水知识中水资源与环境知识的基准点。

设置本基准点的目的在于让公民知道水是不可再生资源，水生态系统一旦被破坏很难恢复，恢复被破坏或退化的水生态系统成本高、难度大、周期长。

水是不可再生资源，并且水资源也是有限的。水生态系统是水生生物群落与水环境相互作用、相互制约，通过物质循环和能量流动，共同构成的具有一定结构和功能的动态平衡系统，水生态系统对外来的作用力有一定承受能力，如作用力过大，则会失去平衡，系统即遭到破坏。知道水是不可再生资源，以及水生态系统的难恢复性是水资源与环境知识的表现之一，对于公民了解水生态系统具有重要作用。

此基准点的主要要求包括三个方面：①知道水是不可再生资源；②知道水生态系统包括淡水生态系统和海水生态系统；③知道水生态系统一旦被破坏很难恢复，恢复被破坏或退化的水生态系统成本高、难度大、周期长。

六、具有一定的节水知识

基准点 22：了解工业节水的重要意义，知道工业生产节水的标准和相关措施。

【释义】

本条是关于水知识中水资源与环境知识的基准点。

设置本基准点的目的在于让公民认识工业节水工作的重要性和紧迫性，知道工业节水的重要意义，知道工业生产节水的重点行业、标准和相关措施。

工业节水是解决水资源短缺问题，保障水安全的重要途径。工业节水可分为技术性节水和管理性节水。推广工业节水可有效提高工业用水的效率，减少排污量，并可节约水资源，缓解水资源短缺与经济发展的矛盾，对减少水资源损失和保护水环境具有十分重要的意义。由于工业用水需求呈增长趋势，在总取水量中占有较大比例，工业节水相关知识是公民节约用水知识的重要内容，对提升公民自身水素养具有重要作用。同时，通过工业节水可了解工业节约用水过程以及工业废水污水处理过程。

此基准点的主要要求包括四个方面：①知道工业节水技术指可提高工业用水效率和效益、减少水损失、可替代常规水资源等的技术，大多数节水技术也是节能技术、清洁生产技术、环保技术、循环经济技术。发展节水技术对促进节能、清洁生产、减少污水排放、保护水源和发展循环经济有重大作用。②知道工业节水技术主要有逆工序补水法、预喷洗法、清洗水净化后循环再生利用等。③知道工业节水所涉及的主要行业，以及不同行业的取水定额国家标准。④知道国家对工业节水所采取的积极措施相关文件，如《重点工业行业取水指导指标》提出的加快淘汰落后高用水工艺、设备和产品，大力推广《当前国家鼓励发展的节水设备（产品）》列出的节水工艺技术和设备。

基准点 23：了解合同节水及相关节水管理知识。

【释义】

本条是关于水知识中水资源与环境知识的基准点。

设置本基准点的目的在于让公民知道什么是合同节水，以及相关的节水管理知识。

落实最严格水资源管理制度，实行水资源消耗总量和强度双控行动，推行合同节水管理，开展水效领跑者引领行动，全面建设节水型社会。合同节水管理是指节水服务企业与用水户以合同形式，为用水户募集资本、集成先进技术，提供节水改造和管理等服务，以分享节水效益方式收回投资、获取收益的节水服务机制。推行合同节水管理，有利于降低用水户节水改造风险，提高节水积极性；有利于促进节水服务产业发展，培育新的经济增长点；有利于节水减污，提高用水效率，推动绿色发展。合同节水及相关节水管理知识确定的基本概念和相关知识点是节水知识的重点，这些概念所形成的体系，对公民了解关于合同节水管理知识具有重要作用。

此基准点的主要要求包括三个方面：①知道合同节水管理的实质，即募集资本，先期投入节水改造，用获得的节水效益支付节水改造全部成本，分享节水效益，实现多方共赢，促进水资源节约保护；②知道合同节水管理的主要模式，即节水服务运营商通过合同管理方式，募集社会资本，集成先进适用的节水技术，对指定项目进行节水技术改造，建立长效节水管理机制，用获得的节水效益支付技术改造全部成本，分享节水效益的新型市场化模式；③知道合同节水所带来的社会影响及效益。

基准点 24：知道节约用水要从自身做起、从点滴做起。

【释义】

本条是关于水知识中水资源与环境知识的基准点。

设置本基准点的目的在于让公民知道节约用水是每一个人的责任，要从自身做起、从点滴做起，共同实现水资源的节约利用。

水资源往往在不经意间缓缓流逝。当人们拧开水龙头，水源源不断流出来，可能人们感觉不到水资源的危机。增强公民节约用水意识，有利于节水工作有序、有效地开展，推进我国节水工作进程，对于提升公民水素养具有重要的作用。

此基准点的主要要求包括三个方面：①知道节约用水要从自身做起，要从身边的每一件事做起，从生活的点点滴滴做起；②一个滴水的水龙头，一天可以浪费 1 至 6 升的水，一个漏水的马桶，一天要浪费 3 至 25 升的水；③知道生活中节约用水的宣传画和节水标志，在洗手、喝水、上厕所等过程中养成节约用水的习惯。

七、具有一定的水安全知识

基准点 25：当洪灾、旱灾发生时知道如何应对以降低损失。

【释义】

本条是关于水知识中水安全与管理知识的基准点。

设置本基准点的目的在于让公民知道洪灾、旱灾对人们生活以及经济社会发展带来的危害，知道当发生洪涝灾害时如何应对以降低损失。

洪灾和旱灾是我国发生较为频繁、危害范围广、对国民经济影响严重的自然灾害。知道当洪灾、旱灾发生时，如何应对可以有效地降低人身伤害以及财产损失，进一步降低其对我国国民经济的损害，对提升公民自身水素养具有重大作用。同时，可以了解洪灾、旱灾产生的原因以及易产生洪灾、旱灾的自然条件和地质条件，有助于及时采取有效的措施。

此基准点的主要要求包括三个方面：①按照洪水的成因条件，我国的洪水可分为暴雨洪水、融冰融雪洪水和冰凌洪水，我国绝大多数河流的洪水都是由暴雨产生的；②知道防洪措施包括，防洪工程措施如堤防、河道整治工程、分洪工程与水库防洪工程，防洪非工程措施主要有洪水预报和调度、洪水警报、洪泛区管理、洪水保险、河道清障、河道管理、超标准洪水防御措施，以及相关法令、政策、经济等防洪工程以外的手段；③世界各国防止干旱的主要措施是兴修水利、改进耕作制度、植树造林、研究应用现代技术和节水措施以及暂时利用质量较差的水源，包括劣质地下水或海水等。

基准点 26：了解当地防洪、防旱基础设施概况以及当地雨洪特点。

【释义】

本条是关于水知识中水安全与管理知识的基准点。

设置本基准点的目的在于让公民了解防洪、防旱的重要性以及当地对于此类灾害所采取的主要措施；知道当地防洪、防旱基础设施概况以及当地雨洪特点。

目前洪涝干旱灾害频繁发生，直接危及人们正常生活和生产，对于我国经济社会发展也有很大影响。防洪、防旱基础设施能够有效缓解和预防洪灾、旱灾的产生。雨洪特点能在一定程度上反映出洪灾、旱灾的发生规律。了解当地防洪、防旱基础设施和当地雨洪特点能够帮助公民了解洪灾、旱灾相关知识，有助于增加公民水知识，对提升公民自身的水素养具有重要的作用。同时，有助于推进我国防洪、防旱工作的进程。

此基准点的主要要求包括两个方面：①知道当地防洪、防旱基础设施概况以及当地雨洪特点；②知道当地针对洪涝、干旱灾害的防控力度及主要措施。

基准点 27：了解国内外重大水污染事件及其影响。

【释义】

本条是关于水知识中水安全与管理知识的基准点。

设置本基准点的目的在于让公民了解国内外与水相关的重大事件，尤其是关于重大水污染事件及其影响。

良好的水环境为经济社会发展提供动力支持，但经济社会发展的同时，水污染事件频发，制约了经济社会的发展。了解国内外重大水污染事件及影响，有助于增强人们对水环境的保护意识，推动人们参与到水环境保护工作中来，提高公民自身的水素养。同时，通过国内外重大水污染事件及影响，了解水污染的原因以及治理措施。

此基准点的主要要求包括两个方面：①知道国外水相关重大事件及其后果和影响，如日本阿贺野川流域汞污染事件、美国河也市饮用水中毒事件、美国腊芙运河污染事件；②知道国内近年来重大水污染事件及其影响，如中国淮河水污染事件、沱江“3・02”特大水污染事故、松花江重大水污染事件。

基准点28：知道饮用受污染的水会对人体造成危害，会导致消化疾病、传染病、皮肤病等，甚至导致死亡。

【释义】

本条是关于水知识中水安全与管理知识的基准点。

设置本基准点的目的在于让公民知道生活饮用水质的好坏与人们的身体健康密切相关，饮用受污染的水会对人体造成危害，会导致消化疾病、传染病、皮肤病等甚至导致死亡。

水是人体的重要组成部分，水可承载万物，除了有益健康的营养元素，还可能包含人为污染或地质原因带来的各种有害物质，如病原微生物、有毒重金属、微量有机污染物等，可引起介水传染病及公害病、地方病等，甚至是广泛的公共卫生事件。了解饮水安全知识，减少水污染对人体健康的损害，使公民掌握水安全知识后能形成自我保护意识，对公民水素养的提升具有重要作用。

此基准点的主要要求包括两个方面：①知道饮用受污染的水会对人体造成危害，会导致消化疾病、传染病、皮肤病等，甚至导致死亡；②知道世界上由于饮用被污染的水或不良水质导致的死亡人数不容忽视，尤其是儿童。

基准点29：知道使用深层的存压水、高氟水会危害健康。

【释义】

本条是关于水知识中水安全与管理知识的基准点。

设置本基准点的目的在于让公民知道使用深层的存压水、高氟水会危害健康。

使用深层的存压水、高氟水会危害人体健康，并且长期饮用高氟水对人体危害巨大。知道使用深层的存压水、高氟水危害健康，能有效避免人们对这两类水的使用，从而减少这两类水对人体健康的危害，对于公民提升自身水素养具有重大作用。同时，可以了解更多的饮水健康知识，减少饮水不当对健康造成的损害。

此基准点的主要要求包括三个方面：①知道使用深层的存压水、高氟水会危害健康；②饮用高氟水很容易引起氟中毒；③知道提取深层的存压水、高氟水会造成生态环境的破坏。

八、具有一定的水管理知识

基准点 30：了解当地个人生活用水定额，尽量将自身生活用水控制在定额内。

【释义】

本条是关于水知识中水安全与管理知识的基准点。

设置本基准点的目的在于让公民知道当地居民生活用水定额以及不同住宅的用水标准，尽量将自身生活用水控制在定额之内。

用水定额是节水工作推进的技术依据，用水定额管理是节水工作有效落实的手段和保障。用水定额即为单位时间内，单位产品、单位面积或人均生活所需要的用水量，一般可分为工业用水定额、居民生活用水定额和农业灌溉用水定额三部分。居民生活用水定额与人们的生活息息相关，它确定的基本概念是水管理知识的重要组成部分。从这些概念出发构成的概念体系，有助于公民形成节约用水意识，对水资源的可持续利用具有重要意义。

此基准点的主要要求包括三个方面：①理解居民生活用水定额的概念并知道当地居民生活用水定额的标准；②知道要将自身生活用水控制在定额内；③用水定额是随社会、科技进步和国民经济发展而逐渐变化的，如工业用水定额和农业用水定额因科技进步而逐渐降低、生活用水逐渐增多等。

基准点 31：了解地表水和污水监测技术规范。

【释义】

本条是关于水知识中水安全与管理知识的基准点。

设置本基准点的目的在于让公民知道地表水和污水监测技术规范。

地表水和污水监测关系到人民生命安全，水质好坏都会对人民的生活和健康产生影响。地表水和污水监测是环境保护的重要组成部分，实行地表水监测工作能让国家对地表水污染实际状况有清晰的认识，同时有序提升地表水治理力度，给人们供应安全监控的饮用水。地表水和污水监测技术规范、治理情况所确定的基本概念是公民水素养的重要基础。从这些概念出发构成了逻辑严密的概念体系，对于公民了解地表水和污水监测知识具有重要作用。

此基准点的主要要求包括三个方面：①了解地表水和污水监测的分布点、采样、监测项目与相应监测分析方法；②知道不同的水样要按照规定的方法进行采集和储存；③知道监测获取的数据需要处理与上报。

基准点 32：知道河长制是保护水资源、防治水污染、改善水环境、修复水生态的河湖管理保护机制，是维护河湖健康、实现河湖功能永续利用的重要制度保障。

【释义】

本条是关于水知识中水安全与管理知识的基准点。

设置本基准点的目的在于让公民知道河长制是以保护水资源、防治水污染、改善水环境、修复水生态为首要任务，构建责任明确、协调有序、监管严格、保护有力的河湖管理保护机制，是维护河湖健康、实现河湖功能永续利用的重要制度保障。

河长制是贯彻新发展理念、建设美丽中国的重大战略，也是加强中国河湖管理保护、保障中国国家水安全的重要举措。河长制能够有效调动地方政府履行环境监管职责，完成从突击式治水向制度化治水的转变。明确河长制的基本概念及其相关工作标准，有利于公民完善水知识体系，服从河湖管理机制，保护河湖资源的长期有序利用，提升自身的水素养水平。

此基准点的主要要求包括三个方面：①知道河长制的制度设计，即由中国各级党政主要负责人担任“河长”，负责组织领导相应河湖的管理和保护工作；②知道推行河长制工作的主要任务包括六个方面：加强水资源保护，加强河湖水域岸线管理保护，加强水污染防治，加强水环境治理，加强水生态修复，加强执法监管；③知道河长制是保护水资源、防治水污染、改善水环境、修复水生态的河湖管理保护机制，是维护河湖健康、实现河湖功能永续利用的重要制度保障。

基准点 33：了解我国水利管理组织体系，知道各级人民政府在组成部门中设置了水行政主管部门，规范各种水事活动。

【释义】

本条是关于水知识中水安全与管理知识的基准点。

设置本基准点的目的在于让公民了解我国水利管理组织体系，知道中央和地方各级人民政府依法确定的负责水行政管理和水行业管理的各级水行政主管部门负责全国水资源的统一管理和监督工作，规范各种水事活动。

水资源关系着国计民生，属于国家所有。水资源的所有权由国务院代表国家行使。国务院水行政主管部门在国家确定的重要江河、湖泊设立的流域管理机构在所管辖的范围内行使法律、行政法规规定的和国务院水行政主管部门授予的水资源管理和监督职责。国家对水资源实行流域管理与行政区域管理相结合的管理体制。中央和地方各级人民政府的水行政主管部门，保证和规范了各种水事活动的有序进行。了解我国水利管理组织体系，熟悉我国各种水事活动管理体制，可补充公民与水有关的管理知识，有利于公民自身水素养的提高。

此基准点的主要要求包括三个方面：①知道国务院水行政主管部门负责全国水资源的统一管理和监督工作。水利部作为国务院的水行政主管部门，是国家统一的用水管理机构。②知道我国已按七大流域设立了流域管理机构。有长江水利委员会、黄河水利委员会、海河水利委员会、淮河水利委员会、珠江水利委员会、松辽水利委员会、太湖流域管理局。③知道地方各级人民政府依法确定的水行政主管部门，负责水资源统一管理和监督工作，规范各种水事活动。

九、了解水的商品属性相关知识

基准点 34：了解水价在水资源配置、水需求调节等方面的作用。

【释义】

本条是关于水知识中水安全与管理知识的基准点。

设置本基准点的目的在于让公民知道在市场经济条件下，水价在水资源配置、水需求调节等方面的作用，对合理配置水资源具有重要意义。

水价是调节水资源配置的重要经济杠杆，政府可以通过制定合理的水价政策影响企业的用水成本，从而促进企业节约用水。因此，水价是政府提高用水效率的重要政策工具。了解水价制定规则及其在水资源配置、水需求调节等方面的作用是公民水素养的重要基础，对公民了解水价相关知识具有重要作用。

此基准点的主要要求包括两个方面：①知道水价能够促进水资源合理配置；②知道水价能够调节用水组织或个人对水的需求，避免水资源的浪费。

基准点 35：了解水权制度，知道水资源属于国家所有，单位和个人可以依法依规使用和处置，须由水行政主管部门颁发取水许可证并向国家缴纳水资源费（税）。

【释义】

本条是关于水知识中水安全与管理知识的基准点。

设置本基准点的目的在于让公民了解水权的相关定义，并且了解水权制度，知道水资源属于国家所有，单位和个人可以依法依规使用和处置，须由水行政主管部门颁发取水许可证并向国家缴纳水资源费（税）。

水权是指水资源的所有权以及从所有权中分设出的用益权。水资源的所有权是对水资源占有、使用、收益和处置的权力，所有权具有全面性、整体性和恒久性的特点。水权制度是划分、界定、实施、保护和调节水权，并确认和处理各个水权主体的责、权、利关系的规则。建立健全水权制度是实现水资源优化配置的重要手段，合理的水权制度有益于水资源的优化配置，确保实现更高层次的水资源高效利用目标。水权及其制度确定的基本概念是公民了解水安全和管理知识的重要基础，也是公民水知识的重要组成部分，这些概念出发构成的概念体系，对于公民了解水权制度具有重要作用。

此基准点的主要要求包括四个方面：①知道水权概念以及由水资源所有制度、水资源使用制度和水权转让制度组成的水权制度体系；②知道水权制度的核心是产权的明晰和确立；③知道水资源属于国家所有，单位和个人可以依法依规使用和处置，须由水行政主管部门颁发取水许可证并向国家缴纳水资源费（税）；④知道申请水权和取得用水许可证需要遵循一定的原则和程序，通过鉴定明确许可取水的数量、地点、条件和期限，以及使用后废水排放规定、使用权的等级鉴别、使用权的丧失乃至终止水权转让的条件、程度与手段等。

基准点 36：知道“阶梯水价”：将水价分为两段或者多段，在每一分段内单位水价保持不变，但是单位水价会随着耗水量分段而增加。

【释义】

本条是关于水知识中水安全与管理知识的基准点。

设置本基准点的目的在于让公民知道“阶梯水价”的基本定义以及标准，知道阶梯水价通过将水价分为两段或者多段，在每一分段内单位水价保持不变，但是单位水价会随着耗水量分段而增加，以此通过经济手段约束人们的用水行为，促进水资源节约。

阶梯水价充分发挥市场、价格因素在水资源配置、水需求调节等方面的作用，拓展了水价上调的空间，增强了企业和居民的节水意识，避免了水资源的浪费。阶梯水价的主要特点是用水越多，水价越贵。阶梯水价确定的基本概念和基本规律是公民水管理知识在经济手段的重要体现，是针对企业和居民节约用水的主要经济调控，从这些概念出发构成的相关知识体系，对于公民进一步养成节约用水意识具有重要作用，有效促进公民水素养的提升。

此基准点的主要要求包括三个方面：①知道阶梯水价在保证居民基本用水需求量以内采用了较低的基本价格；②知道阶梯水价在超出基本用水量的第一阶梯水量之后施行更高阶梯的计量水价；③知道阶梯水价将水价分为两段或者多段，在每一分段内单位水价保持不变，但是单位水价会随着耗水量分段而增加。

十、掌握一定的水安全技能

基准点 37：能看懂水质量报告。

【释义】

本条是关于水知识中水安全技能的基准点。

设置本基准点的目的在于让公民能看懂水质量报告，了解水质量报告中各项指标的含义以及标准。

水质量报告可揭示出水的性质、质量如何，是否能够作为生活用水和日常饮水，是否含有污染物和有害物质。掌握看懂水质量报告的技能是公民水安全的重要基础和基本素养，对公民了解饮用水质的标准与现状、监督水质状况和安全用水具有重要的作用，同时也可以由此了解造成水污染的物质，从而减少公民无意识地对水的污染。

此基准点的主要要求包括三个方面：①知道水的质量标志着水体的物理、化学和生物特性及组成状况；②了解一系列的水质参数和水质标准，如生活用水、工业用水和渔业用水等水质标准；③能够看懂水质参数所代表的含义，并由此判断是否能满足用水标准，实现安全用水。

基准点 38：能根据气味和颜色等物理特征初步识别有害水体。

【释义】

本条是关于水知识中水安全技能的基准点。

设置本基准点的目的在于让公民可以根据一些水体外观指标以及水的物理特征初步识别有害水体。

对有害水体的识别可分为不同的形式，通常可通过其外观指标和特殊的物理特征进行初步识别，比如其颜色、浊度、悬浮物等都是反映水体外观的指标。气味和颜色等物理特征亦可作为判断水质量的依据。公民通过初步观察和判断，可以知道水体是否含有有害物质，从而避免使用含有有害物质的水体。能根据气味和颜色等物理特征初步识别有害水体是公民掌握的水基础技能之一，是公民用水安全的基本素养。

此基准点的主要要求包括两个方面：①可以通过观察水体颜色、浊度等外观指标判断水体是否有害，如黑绿色、红棕色、翠绿色，这三种色的水体中所含的藻类多数是鱼类不易消化的种类，这些藻类大量死亡后会向水体中释放大量的有毒物质；②可以通过水体的气味判断水体是否有害，一般有害水体会散发出刺鼻难闻气味。

基准点 39：能够根据水的流速和颜色等识别水体的危险性。

【释义】

本条是关于水技能中水安全技能的基准点。

设置本基准点的目的在于让公民可以根据水的流速和颜色等一般特征来识别水体是否危险。

水的流速和颜色是判断水体是否危险的重要依据，公民通过大概观测水体的流速快慢和颜色深浅可以初步判断水体是否存在危险，从而避免不明水体潜在的危险性，减少水安全事故的发生。能根据水的流速和颜色识别水体的危险性是公民做到水安全的基本要求，也是日常生活中必须要掌握的水安全知识。

此基准点的主要要求包括两个方面：①可以通过大概观测水流速度来判断该流速下水体是否危险，以避免溺水等安全事故的发生；②可以通过观察水体的颜色深浅判断该水域中水的深度，对该水域的安全性做出判断，以避免溺水等安全事故的发生。

基准点 40：能够识别潜在的热水烫伤危险。

【释义】

本条是关于水技能中水安全技能的基准点。

设置本基准点的目的在于让公民能够有效识别温度较高的热水，防范潜在的热水烫伤危险。

热水烫伤会造成皮肤受损，极其严重的话甚至会造成生命危险。日常生活中公民不可避免地会接触到热水、热汤等，存在着热水烫伤风险。及时有效识别潜在的热水烫伤危险极为重要，是日常生活中必备的安全技能，也是必须掌握的水安全技能之一。

此基准点的主要要求包括四个方面：①学会对容器中热水的温度以及是否会导致烫伤做出基本判断；②日常生活中减少潜在的烫伤危险，如洗漱时先放冷水再放热水避免不慎烫伤，将热水放到不易触碰到的地方以防不慎打翻烫伤，对于不易分辨是否是热水的水体需要谨慎接触；③学会及时处理烫伤，避免用酱油、牙膏、蛋清等清洗的误区，烫伤后应该及时用冷水冲洗，情况较为严重的需及时送到医院；④家庭成员要定期进行热水烫伤紧急处理知识培训，保持安全意识，时常提醒识别潜在的热水烫伤危险。

基准点 41：能够识别并远离生活中与水有关的潜在危险设施，如窨井盖、水护栏等。

【释义】

本条是关于水技能中水安全技能的基准点。

设置本基准点的目的在于让公民能够识别具有潜在危险的涉水设施和水域安全保护设施，并远离生活中与水有关的潜在危险区域或设施。

日常生活中存在着许多与水有关的潜在的危险区域或设施，能够识别并远离与水有关的潜在危险区域或设施是日常生活中自我保护必备的技能，可以有效避免水安全事故的发生。掌握水安全技能中的避险技能是公民水技能中的重要组成部分。自觉远离与水有关的潜在危险设施，不仅可以减少公民发生水危险事件，同时对公民水素养的提升有重要作用。

此基准点的主要要求包括两个方面：①学会识别与水有关的危险设施，如窨井盖、水护栏等；②自觉远离生活中有关水的潜在危险区域，例如水库、有暗流的深水区域等，防止安全事故的发生。

基准点 42：能够识别与水有关的危险警示标志。

【释义】

本条是关于水技能中水安全技能的基准点。

设置本基准点的目的在于让公民能够识别与水有关的危险警示标志。

水域及其周边区域中存在很多未知的危险，如雨量的增多导致水库、河道、干渠、灌渠等水位随之上涨，发生危险甚至溺亡事故的可能性也随之增大，需要水务部门及时增设警示标志来降低风险。日常生活中有许多与水有关的危险警示标志，能够识别与水有关的危险标志对于保障公民的人身安全具有重要作用，是公民识别水安全的基本技能，是公民水素养的重要组成部分，同时也是保障自身安全的基本常识。

此基准点的主要要求包括三个方面：①能够识别与水有关的文字类型的危险警示标志如水深危险、禁止游泳、禁止嬉水等；②能够识别与水有关的图片类型的危险警示标识；③学会识别警示标志的同时，要做到真正的警惕，防止出现安全事故。

基准点 43：掌握游泳技能，达到能熟练运用至少一种泳姿的要求。

【释义】

本条是关于水技能中水安全技能的基准点。

设置本基准点的目的在于让公民掌握游泳技能，在遇到水危险的关键时刻能够及时脱离危险。

不管是进行水中作业还是主动下水嬉戏玩耍，或者被动失足落水，或者发生自然灾害突遇洪水，都要面对水的危险，这时游泳成了保障生存的重要条件之一。游泳技能是公民需要具备的基本技能之一，至少能够熟练运用一种泳姿更是公民保证水安全的基本素养。掌握游泳技能，防止在关键时刻因不会游泳而出现意外，也可以提高公民的身体素质，增强自身免疫力，从而减少患病。

此基准点的主要要求包括三个方面：①至少熟练掌握一种泳姿如蛙泳、蝶泳、仰泳、自由泳等；②了解游泳技能的作用，如保障生命安全、促进身心健康、开展休闲娱乐活动等；③知道不同的游泳姿势的难易程度以及相应的做法。如蛙泳最为简单，是初学者入门的基本，要求用力蹬小腿，及用手向两边用力舒展开；仰泳是自救泳姿中最好的一种，让自己的脸朝上，从而得以呼吸；自由泳是速度最快的种类，脸部朝两边摇头呼吸，手顺着头向前摆动。

基准点 44：掌握洪涝、泥石流等灾害发生时的逃生技能。

【释义】

本条是关于水技能中水安全技能的基准点。

设置本基准点的目的在于让公民在发生洪涝、泥石流等与水相关的自然灾害时，具备一定的逃生技能。

洪涝、泥石流等自然灾害来势比较凶猛、威力巨大，来得较为突然而且破坏力极大，远离灾害、避开险境是较好的防灾方式，但是当遇到此类灾害时如何应对，对每一位公民来说更为重要。公民掌握一定的逃生技能，可以在突发情况中保持冷静，进行逃生和自救，甚至可以帮助并指挥附近的公民共同逃生，在一定程度上有效规避灾害。掌握洪涝、泥石流等灾害发生时的逃生技能，是公民必须掌握的基本技能。

此基准点的主要要求包括两个方面：①洪水来临之前，要关注水情预报信息、熟悉本地区域防汛预案的各类隐患灾害点和紧急转移路线图、保持手机电话通信畅通，撤离时注意关掉煤气阀门、电源总开关等。来不及转移时要就近迅速向山坡高地等地转移，或者立即爬上屋顶等高的地方暂避等。②泥石流灾害发生时，要保持冷静，判断安全路径逃生，向与泥石流方向垂直的两边山坡上爬，向地质坚硬不易被雨水冲刷的、没有碎石的岩石地带逃生等。

基准点45：掌握溺水自救方法。

【释义】

本条是关于水技能中水安全技能的基准点。

设置本基准点的目的在于让公民失足落入较深的水域时掌握溺水自救方法，能够做到冷静对待，依靠自身掌握的技能及时摆脱危险。

在日常生活中难免会碰到一些突发状况，掌握一些急救小常识以备不时之需是十分必要的。掌握溺水自救方法能够在公民不慎失足溺水且周围无人时进行自救，并等待施救，是公民必须掌握自救知识，更是水安全最为基本的重要技能，是公民水素养的重要支撑。掌握溺水自救方法也可以在他人落水时给予指挥与帮助。

此基准点的主要要求包括三个方面：①需要保持镇静。落水后立即屏住呼吸，踢掉双鞋，然后靠水的浮力以及肺中存在的气体尽可能地浮出水面。当感觉开始上浮时，应尽可能地保持仰位，使头部后仰，顺势划动手臂。②维持口鼻呼吸。保持口鼻略浮出水面能进行呼吸和呼救，以平静的心态等待救援者到来，不要大喊大叫、猛烈挣扎，防止更快消耗体力和吸入更多的水。③防止手足抽筋。如果在水中突然抽筋，可深吸一口气潜入水中，伸直抽筋的那条腿，用手将脚趾向上扳，以解除抽筋。若手腕部肌肉痉挛，可将手指上下屈伸，另一只手辅以按捏以减轻症状。

基准点46：掌握施救落水人员的正确处理方法。

【释义】

本条是关于水技能中水安全技能的基准点。

设置本基准点的目的在于让公民掌握施救落水人员的正确方法。

当遇到他人溺水准备施救时，施救者自己的安全必须放在首位。只有首先保护好自己，才有可能成功救人。现场急救是否及时有效，直接关系到溺水者的生命安危。掌握施救落水人员的正确处理方法，可以在发现落水人员时及时给予帮助和指挥。帮助落水人员脱离困境，是公民必备的安全知识和技能。

此基准点的主要要求包括三个方面：①遇到他人溺水时，首先要寻找并借助附近的物品（如长竹竿、求生圈、树枝等）将落水者拉上岸，同时呼叫更多人帮助，不要盲目跳入水中直接施救，如时间紧迫可从溺水者后侧接近，采用侧泳或仰泳等姿势上岸。②登岸后及时倒出患者呼吸道及胃中的水，主要动作包括：患者俯卧，腹部垫高，头下垂，手压患者背部；抱住患者双腿，将其腹部放到救治者的肩上，快步走动，将积水倒出。③对心跳呼吸停止者，立即实行现场心肺复苏术，行口对口人工呼吸及胸外心脏按压，在现场抢救之后应立即送至医院施救。

十一、掌握与水相关的生活技能

基准点 47：会查看水表。

【释义】

本条是水技能中关于水生活技能的基准点。

设置本基准点的目的在于让公民在日常生活中能够正确查看水表，关注用水量。

水表是测量水流量的仪表，大多是水的累计流量测量，一般分为容积式水表和速度式水表两类。选择水表规格时，应先估算通常情况下所使用流量的大小和流量范围，然后选择常用流量最接近该值的规格的水表作为首选。水表作为公民计量用水量的重要工具，随着时代的发展逐渐趋于便捷化和简单化，公民正确使用水表可以明晰自己的用水量，对于树立节水意识有重要意义。

此基准点的主要要求包括三个方面：①能够掌握容积式水表和速度式水表的使用方法；②了解各类水表的性能和优缺点，正确选择家庭使用水表；③能够查看水表的读数，明确用水量。

基准点 48：能够识别“国家节水标志”。

【释义】

本条是水技能中关于水生活技能的基准点。

设置本基准点的目的在于让公民在日常生活中能够识别“国家节水标志”。

“国家节水标志”是在 2001 年 3 月 22 日水利部举办的第九届“世界水日”上揭牌的，这标志着中国从此有了宣传节水和对节水型产品进行标识的专用标志。该标志既作为节水的宣传形象标志，同时也作为节水型用水器具的标识。对通过相关标准衡量、节水设备检测和专家委员会评定的用水器具，予以授权使用和推荐。公民在日常生活中能够识别该标志，可促使公民有意识地选择节水效率较高的产品，对节水具有重要的促进作用。

此基准点的主要要求包括三个方面：①能够识别国家节水标志，即识别公共场所的标识以及节水器具上的国家节水标志。②深刻了解该标志被设立的意义，国家节水标志既是节水的宣传形象标志，同时也作为节水型用水器具的标识。对于培养节水意识，鼓励使用节水器具有重大作用。③积极参与节水行动中，人人动手节约每一滴水，将节水意识付诸实践。

基准点 49：能够识别水效标识。

【释义】

本条是水技能中关于水生活技能的基准点。

设置本基准点的目的在于帮助公民识别水效标识，增强全民节水意识。

水效标识是附在用水产品上的信息标签，是指采用企业自我声明和信息的方式，依据相关产品的水效强制性国家标准检测确定的。水效标识标签上所展示的信息表示产品的水效等级、用水量等性能指标。水效标识可以有效消除产品在用水节水方面的信息不对称，向消费者提供易于理解的水效信息，引导消费者购买高效节水的产品，以达到节约水资源、保护环境的目的。

此基准点的主要要求包括三个方面：①在购买和使用日常水相关产品时能够识别出水效标识。②能够识别购买的水产品的水效等级，即是否符合国家对水效等级的要求。水效等级分为三级，一级显示耗水量最低；二级显示耗水量较低；三级显示耗水量高，是产品水效的市场准入值。③购买水产品时，公民要有意识地查看该水产品的水效标识，明确其水效等级。

基准点 50：能看懂用水相关产品的标签和说明书。

【释义】

本条是水技能中关于水生活技能的基准点。

设置本基准点的目的在于帮助公民识别用水相关产品的标签和说明书，了解其性能和使用方法。

用水产品的标签和说明书主要包括用水产品的商品名、规格、生产日期、批号和保存条件等，公民可以清楚了解购买产品的相关内容，是使用用水产品的前提和基础。在购买水产品前，公民要仔细阅读产品的标签和说明书，以便提高使用的方便程度。

此基准点的主要要求包括三个方面：①公民在使用相关用水产品前需仔细阅读标签与说明书，以免错误使用带来不便；②公民要了解用水产品说明书和标签的基本内容，在购买前仔细阅读，是否符合国家标准和自身需求；③学会通过说明书或相关介绍查看产品使用说明、售后服务、回收置换等内容。

十二、关注生活中的水事信息

基准点 51：关注公共场合用水的查漏塞流。

【释义】

本条是水态度中关于水情感的基准点。

设置本基准点的目的在于引导公民关注公共场合用水的查漏塞流，树立节水意识。

在公共场合“滴水成河”是我们经常见到的场景，不仅会影响公共场所形象，更会浪费水资源。每年由于不关水龙头或者通水设施破裂而造成的水资源的浪费量巨大。同时，在用水时非必要地把水龙头开得过大，也造成严重的水资源浪费。关注公共场合用水的查漏塞流对于水资源的节约以及节水意识的树立意义重大。

此基准点的主要要求包括三个方面：①时刻关注公共场合用水的状况，是否有漏流的现象；②若发现漏流现象，应尽自己所能将流失量降到最小，或者向有关工作人员报告，及时查漏塞流；③公共场合用水时，在保证正常用水的情况下尽量将水龙头调小。

基准点 52：关注并了解当地短时段内的冷热、干湿、晴雨等气候状态。

【释义】

本条是水态度中关于水情感的基准点。

设置本基准点的目的在于引导公民关注并能够通过不同的方式认知短时间段的气候状态，做好应对准备。

气候以冷、暖、干、湿这些特征来衡量，通常由某一时期的平均值和离差值表征，主要的气候要素包括光照、气温和降水等，其中降水是气候的重要要素。气候特征主要包括冷热、干湿、晴雨等。公民通过对气候要素和特征的了解与观察来判断当前一段时间的气候是否对自己有所影响。如热量的多少、降雨直接影响农作物的种类、复种指数，等等，同时也影响人们的衣着、出行、某些疾病的发生。公民了解当地短时段内的气候状态对自身日常活动有重要作用，同时能够做好应对准备，是公民水情感的主要体现之一。

此基准点的主要要求包括四个方面：①公民可通过查看天气预报及时了解天气变化以及对未来一段时间的气候预报；②可通过早霞晚霞的变化来判断天气的变化，通过季节气候变化了解气候类型；③能够识别常见的气候特征，并对此做出相应的预防措施；④公民应养成在日常生活中多多观察短时段气候状态的习惯。

基准点 53：关注并学习和使用与水相关的新知识、新技术。

【释义】

本条是水态度中关于水情感的基准点。

设置本基准点的目的在于引导公民提升自己与水相关的知识技能，提高公民的水意识。

水作为日常生活中不可或缺的资源，关注学习与水相关的知识与技能是人们日常生活的必修课。通过了解和学习与水相关的新知识和新技术，对水资源的节约以及水灾害预防与自救有重要作用。学习和使用与水相关的新知识、新技术是与时俱进的表现，通过对与水相关知识的学习有助于提升公民的水技能，进而提升自身的水素养水平。

此基准点的主要要求包括三个方面：①通过相关书籍以及产品了解与水有关的新知识与新技能；②积极主动参加水知识普及宣传活动，主动学习关注与水相关的新知识与新技术；③学习与实践相结合，将学到的相关知识付诸实践，加大对知识和技能的掌握与应用。

基准点 54：关注并通过各种网络信息渠道检索、收集与水相关的知识和信息动态。

【释义】

本条是水态度中关于水情感的基准点。

设置本基准点的目的在于引导公民培养通过网络信息检索、收集与水相关知识的兴趣，掌握获取知识和信息的技能，养成关注水信息的习惯。

随着科技进步，互联网为我们日常生活中获取与水相关的知识和信息提供了非常便捷的渠道，传播的内容形式多样，时效性强，与受众能充分实现互动，并且有传播速度快、覆盖面广等特点。公民正确发挥网络作用能准确全面地获取与水相关的知识和信息动态，通过互联网获取水知识和动态信息是一种既快捷又方便的途径，养成通过网络信息检索、收集与水相关知识的兴趣，对公民水素养提升具有重要作用。

此基准点的主要要求包括四个方面：①公民能够运用网络，知道水知识与信息检索的步骤方法；②公民能够学会有目的地检索与收集，获取最新的知识与信息；③公民应实时关注与水相关的网络信息；④公民要养成利用网络获取信息的习惯，充分利用网络资源提升自身的素养。

十三、具有一定的水兴趣

基准点 55：了解当地与水相关的风俗习惯和故事传说。

【释义】

本条是水态度中关于水情感的基准点。

设置本基准点的目的在于引导公民了解与水相关的风俗习惯和故事传说，逐渐培养对水的兴趣爱好。

风俗习惯是特定社会文化区域内历代人们共同遵守的行为规范，对社会成员有非常强烈的行为制约作用；风俗是社会道德与法律的基础和相辅部分。故事传说是人们从远古时代起就口头相传的一种以奇异的语言和象征的形式简述的种种关系，是记录相关题材的故事。与水相关的风俗习惯与故事传说在人们长期与水打交道的过程中形成，蕴藏着浓厚精深的水文化、水知识。了解与水相关的风俗习惯与故事传说，有利于形成学习水文化的社会风气，引导公民培养了解水文化的兴趣，以及其内部蕴藏的水知识。

此基准点的主要要求包括两个方面：①公民应通过网络、历史书籍等途径了解其居住地与水相关的风俗习惯与故事传说；②公民要了解与水相关的风俗习惯与故事传说背后蕴含的精神与知识，如大禹治水等。

基准点 56：了解古代人水关系及古人对水的看法。

【释义】

本条是水态度中关于水情感的基准点。

设置本基准点的目的在于引导公民了解古代先人治水思想的精华，知晓古代人们对水文化的看法。

远古时期，先人就已经开始在生存和发展的过程中积累了丰富的治水经验，并广泛应用在农业生产和日常生活中。可以说，在人类发展史上，水占有极其重要的地位。几千年来，人们经过同水旱灾害坚持不懈的斗争，促进了经济发展，推动了社会变革，也产生了与水相关的科学技术与文化艺术，形成了独特的水文化；公民通过对古代水文化的了解，不仅可以继承优良的传统水文化，也可以培养自身的水意识。

此基准点的主要要求包括三个方面：①了解反映古代人水关系的文化传说和典型事例；②继承发扬古代人水关系中的人水和谐思想，并融入现代治水文化，充分实现古为今用；③了解古代人水关系的演化过程，为当代治水理念和思路调整提供借鉴。

基准点 57：了解古代水车、水泵、蒸汽机的基本原理及其对经济社会发展的作用。

【释义】

本条是水态度中关于水情感的基准点。

设置本基准点的目的在于引导公民了解与水相关的常见机器的基本知识以及其对经济社会发展的作用。

古代水车、水泵、蒸汽机等，作为早期人类利用水资源的表现蕴藏着精深的智慧与技术，对社会发展起到了极大推动作用。水车是古代汉族劳动人民发明的灌溉工具，是农耕文化的重要组成部分，体现了中华民族的创造力，为人民安居乐业和社会和谐稳定奠定了基础。水泵是输送液体或使液体增压的机械。蒸汽机是将蒸汽的能量转换为机械功的往复式动力机械。了解这些古代水利器械的基本原理，能够深刻感受我国先人的聪明智慧和对人类发展的巨大贡献，增强荣誉感和自豪感，进而形成一种朴素的情感认同和思想基础，对提升公民水素养具有重要意义。

此基准点的主要要求包括三个方面：①能够识别古代水车、水泵、蒸汽机等一些水相关器械；②能够明白一些简单的水相关器械的基本工作原理，了解其运行结构与各自不同的作用；③能够认知水相关器械对人类经济社会发展的重要性。

基准点 58：了解我国历史和现代重要水利专家及治水人物事迹。

【释义】

本条是水态度中关于水情感的基准点。

设置本基准点的目的在于让公民熟知我国历史和现代水利专家以及主要治水人物的相关事迹。

在我国悠久的治水历史中，涌现出一批优秀的治水人物及其可歌可泣的治水故事，在这些治水人物和故事中蕴含着丰富深邃的治水思想、影响深远的治水精神和感人至深的家国情怀，值得人们永远学习和瞻仰。特别是当代也涌现出许多业绩卓著的治水专家和英模群体。了解我国历史和现代水利专家，以及治水人物事迹对于宣传水知识与了解水文化意义重大。

此基准点的主要要求包括三个方面：①能够了解古往今来主要的治水人物及其治水事迹；②能够了解我国当代杰出的水利专家和古代治水专家以及他们的治水思想与治水精神；③吸取先贤治水智慧及其家国情怀，转化为个人工作动力。

基准点 59：了解我国历史上发生的严重洪灾、旱灾状况及对社会的影响。

【释义】

本条是水态度中关于水情感的基准点。

设置本基准点的目的在于引导公民了解我国历史上因洪涝、干旱等自然灾害带来的苦难经历以及对社会产生的影响。

我国是一个洪涝旱灾等自然灾害频发的国家，历代政府治国与治水密切关联，频繁发生洪涝和干旱灾害对社会发展造成极大影响。长江、黄河和淮河等流域多发洪涝灾害，旱灾主要有黄淮海地区的春夏连旱，长江中下游地区的伏旱以及伏秋连旱且西北大部分地区甚至常年受旱等。了解洪灾、旱灾状况及其对社会产生的影响，有利于增强公民的水忧患意识和紧迫感，对公民水素养水平的提升具有重要意义。

此基准点的主要要求包括三个方面：①了解我国历史上发生的较为严重的洪灾、旱灾；②了解水相关自然灾害对社会发展的不利影响；③通过了解水自然灾害及其影响增强水忧患意识和紧迫感。

基准点 60：了解我国当代重大水利水电工程和一些重要的水利风景区。

【释义】

本条是水态度中关于水情感的基准点。

设置本基准点的目的在于引导公民了解当代重大水利水电工程和一些重要的水利风景区。

为了适应社会发展的需要以及降低洪涝灾害的影响，我国修建了许多重大水利水电工程，如三峡工程、小浪底工程以及南水北调工程，等等。这些工程具有防洪、灌溉、发电、航运、生态等综合功能，对经济社会发展具有重要作用。修建水利水电工程后形成的众多水利风景区，可以让人们近距离了解和感受水利自然风光、雄伟的水利工程，也是水利科普的重要场所。了解我国当代重大水利水电工程及水利风景区，可以强化人们对于水利工程措施的认知，增强水情感，进而提升公民的水素养水平。

此基准点的主要要求包括四个方面：①熟知我国重大的水利水电工程及其管辖的流域；②了解水利水电工程修建的自然条件和社会条件；③了解修建水利水电工程对经济社会发展的影响；④了解水利风景区的科学、文化、社会、生态等价值，增强人们对于水利工程措施的认知，积极培养人们的水情感。

基准点 61：了解与水相关的诗词、成语、谚语，例如“上善若水”等。

【释义】

本条是水态度中关于水情感的基准点。

设置本基准点的目的在于让公民通过对不同水文化载体的学习，深刻了解水文化。

在我国悠久的治水历史中，治水与国家建设、朝代兴替、生产生活等交织在一起，各种哲学思想和文化形态应运而生，包括相关诗歌、流传的谚语等。了解与水相关的诗句、成语、谚语，对公民深刻了解我国古代治水思想、价值取向、生活状态以及文化情感有很大帮助，有利于培养公民的水情感。

此基准点的主要要求包括三个方面：①熟知日常生活中常见的与水有关的诗词、成语和谚语；②了解诗歌、谚语等背后蕴藏的治水故事及其背景；③了解我国古代治水思想、价值取向、生活状态以及文化情感。

基准点 62：知道世界水日、中国水周具体时间并积极参与世界水日、中国水周等举办的特定主题活动。

【释义】

本条是水态度中关于水情感的基准点。

设置本基准点的目的在于引导公民积极关注世界水日、中国水周，知道其具体时间并积极参加与此相关的主题活动。

1993 年 1 月 18 日，第四十七届联合国大会做出决议，确定每年的 3 月 22 日为“世界水日”，是为了增强公众的节水意识，加强水资源保护，建立一种更为全面的水资源可持续利用的体制和运行机制。中国水周的时间为每年的 3 月 22 日至 28 日，旨在增强全社会关心水、爱惜水、保护水和水忧患意识，促进水资源开发、利用、保护和管理。了解并参与世界水日与中国水周的相关内容活动，对增强公民珍惜和保护水资源的意识具有重要作用，也是提升公民水素养水平的主要宣传教育形式。

此基准点的主要要求包括三个方面：①知道世界水日与中国水周的具体时间及主题；②积极参加世界水日和中国水周举办的主题活动；③结合世界水日与中国水周主题活动，从自身做起，从身边小事做起，为解决日益严峻的水问题贡献力量。

基准点 63：了解四大文明古国的缘起以及江河流域对文明传承的贡献。

【释义】

本条是水态度中关于水情感的基准点。

设置本基准点的目的在于让公民了解水资源对古代国家形成与发展的重

要性。

四大文明古国均建立在河川台地附近，原因是有固定的水源使农业和商业较快发展。江河流域拥有充沛的灌溉水源以及肥沃的土地，为农业发展提供了天然条件，而四大文明古国多以农业成国。江河流域充沛的雨量对气候也有调节作用，这些条件促进了文明古国的产生与延续。了解四大文明古国的缘起，有利于公民充分认识到水资源对人类社会发展的重要性，强化对水与人类文明关系的认知。

此基准点的主要要求包括三个方面：①了解四大文明古国发展所依赖的河流流域以及该流域形成国家的自然条件；②了解江河对人民生活的影响，即对交通、农业等的影响；③了解江河流域对文明延续的重要性。

十四、关注水政策

基准点 64：了解联合国制定的与水相关的战略和计划。

【释义】

本条是水态度中关于水情感的基准点。

设置本基准点的目的在于引导公民了解联合国制定的与水相关的战略和计划。

由于目前全球水资源状况不容乐观，水资源短缺、水质恶化，人类面临着严峻的挑战。联合国一直致力于解决全球水资源危机，这一危机是供水不能满足人类基本需求以及日益提高的人类商业、农业对水的要求所导致。为此联合国制定了多项与水相关的战略与计划，如 2003 年的国际淡水年和早期设立的“世界水日”，以及 2010 年联合国对水和卫生作为人权的许可。公民通过了解联合国制定的与水相关的战略与计划，可知晓国际上水资源状况与重大水事活动，将自身节水行为与全球水资源挑战结合起来，便于更好地树立水资源危机意识，投入到自觉的节水行为中去。

此基准点的主要要求包括三个方面：①了解联合国发布过的与水相关的战略与计划内容，了解有关主题或关注重点；②践行联合国有关水的战略与计划，节约和保护水资源；③将自身节水行为与全球水资源挑战结合起来，转化为自觉的节水行动。

基准点 65：了解各级水行政部门颁布的涉水法律和规定。

【释义】

本条是水态度中关于水情感的基准点。

设置本基准点的目的在于引导公民主动关注各级水行政部门颁布的涉水法律与规定。

我国已经基本建立起比较完善的涉水法律法规体系，各项涉水事务管理基本做到有法可依。目前我国形成了包括《水法》《防洪法》《水土保持法》和《水污染防治法》4部法律，《水文条例》《抗旱条例》等行政法规、部门规章及地方性法规的水法律法规体系。公民了解各级水行政部门颁布的涉水法律与规定，对于提升公民的法律素养，特别是与水相关的法律素养有重要意义。

此基准点的主要要求包括三个方面：①了解我国各级水行政部门机构和各自职能及其之间的联系；②能够了解各级水行政部门的相关法律和规定，做到知法懂法，并正确运用水行政部门法律与规定维护自身的权益；③及时关注各级水行政部门相关法律和规定的修订与完善。

十五、增强水意识

基准点66：具有保护海洋的意识，知道合理开发利用海洋资源的重要意义。

【释义】

本条是水态度中关于水意识的基准点。

设置本基准点的目的在于让公民知道海洋资源的重要性，树立保护海洋的意识。

海洋中不仅有水资源，还存在大量矿物资源、海水化学资源、海洋生物（水产）资源和海洋动力资源等，同时海洋对气候具有强大的调节作用。人类要珍惜海洋为我们提供的宝贵资源。只要人类能合理开发利用这些资源，海洋就会持续不断地为人类带来巨大的财富，对经济社会发展具有重要意义。具备保护海洋的意识，促进海洋环境保护，知道合理开发利用海洋资源的意义，是公民必须具备的水意识。

此基准点的主要要求包括四个方面：①具有保护海洋的意识，保护海洋不受污染也是保护人类海洋食品的安全、公民的健康；②知道海洋对气候具有强大的调节作用；③海洋本身对污染物有着巨大的搬运、稀释、扩散、氧化、还原和降解等净化能力，对于保护环境作用巨大；④知道海洋资源具有巨大潜力，合理开发利用海洋资源将为实现社会的可持续发展提供物质基础。

基准点 67：知道水资源及其承载力是有限的，要具有危机意识和节水意识。

【释义】

本条是水态度中关于水意识的基准点。

设置本基准点的目的在于使公民具备危机和节水意识。

水资源是人类赖以生存和发展的重要资源，长期以来人们普遍认为水是“取之不尽，用之不竭”的，不知道爱惜，甚至浪费挥霍。实际上，我国人均水资源量并不丰富，水资源时空分布不均匀，南北自然环境差异大；特别是城市人口剧增，生态环境恶化，工农业用水技术落后，浪费严重，水源污染，成为国家经济建设发展的瓶颈。公民有责任和义务保护好水资源。树立水资源危机意识和节水意识，对于保护节约水资源具有重大意义。

此基准点的主要内容包括三个方面：①在日常生活中注意培养节水意识，养成节水习惯，如及时关闭水龙头、一水多用、记录家庭用水、防止水管冻裂；②尽可能地使用节水器具，如使用节水水箱、节水龙头、节水马桶等；③查漏塞流，需要经常检查家中自来水管路，确保水龙头和水管接头不漏水。

基准点 68：生产者在生产经营活动中，应树立生产节水意识，选用节水生产技术。

【释义】

本条是水态度中关于水意识的基准点。

设置本基准点的目的在于让生产者树立节水意识。

水是人们生活和工农业生产的基本物质条件。生产者在工农业生产经营活动中应树立节水意识，选用节水生产技术，实现节约用水，能够节省用水成本，并可带来明显的经济效益，同时还可以减少水资源约束，美化环境，维护河流生态平衡，提高水环境承载能力，具有重要的环境效益和生态效益。

此基准点的主要要求包括两个方面：①生产者要树立节水意识，在生产经营活动中尽可能减少用水量，提高用水效率和效益；②选用节水生产技术，积极改造落后的旧设备、旧工艺，广泛采用高效环保节水型新工艺、新技术，提高水的重复利用率，降低生产单耗指标，增加生产工艺过程中水的循环利用，减少新增用水量。

十六、履行水责任

基准点 69：自觉地保护所在地的饮用水水源地。

【释义】

本条是水态度中关于水责任的基准点。

设置本基准点的目的在于让公民自觉地保护所在地的饮用水源地。

水源地保护是指为防治水源地污染、保证水源地环境质量而要求的特殊防护。饮水安全是人民群众正常生活的基本条件，是保障人民群众身体健康和经济建设发展的必然要求。自觉保护饮用水源地是每个公民必须履行的义务，也是公民的责任。

此基准点的主要要求包括三个方面：①水源地污染的主要原因是农村生活污水和工业废水，公民要做到妥善处理生活污水，坚决抵制向水库或河流中排放工业废水的行为；②防止农田径流污染，防止农药化肥未经处理就随着农田径流排入水源；③不能在水源地保护区内开展任何污染水体或者可能造成水体污染的活动。

基准点 70：主动承担并履行节水、爱水、护水责任。

【释义】

本条是水态度中关于水责任的基准点。

设置本基准点的目的在于让公民主动认识并履行节水、爱水、护水责任。

水是一种有限的、无可替代的宝贵资源，也是实现经济社会可持续发展的重要保证。近年来，随着工业化进程的加快和经济的迅猛发展，水资源的不合理开发利用问题越来越突出，造成了水环境污染，破坏了生态平衡，使本来就十分短缺的淡水资源更加紧张，并威胁着人类的生存和发展。因此主动承担并履行节水、爱水、护水责任是每个公民的基本要求，是公民水态度的核心要求，是提升公民水素养水平的必然条件。

此基准点的主要要求包括三个方面：①在日常生活中自觉主动地学习节水知识和节水技巧，做到节水、爱水和护水；②主动制止身边浪费水资源、污染水资源的行为；③动员并监督身边的人一起做到节水、爱水、护水，发现有浪费或污染水资源的情况及时上报。

基准点 71：自觉遵守各级水行政部门颁布的涉水法律和规定。

【释义】

本条是水态度中关于水责任的基准点。

设置本基准点的目的在于使公民自觉遵守涉水法律和规定。

自觉遵守各级水行政部门颁布的涉水法律和规定，是每个公民应当主动承担的责任。遵守涉水法律和规定有利于保护珍贵的水资源及水利设施与工程，保障人民群众的用水安全和身体健康，也是经济社会持续健康发展的必要保障。

此基准点的主要要求包括两个方面：①了解涉水法律和规定，明确法律界限，做到知法守法；②履行责任义务，若发现存在违反涉水法律及规定的行为，及时联系水利行业监督平台 12314，如实反映情况。

十七、规避与水相关的危险行为

基准点 72：不在公园水池、喷泉池等水池中戏水。

【释义】

本条是关于水行为中水灾害避险行为的基准点。

设置本基准点的目的在于告知公民不可在公园水池、景区水池、野外水池、喷泉池等水池中戏水，进而规避与水相关的危险。

公园水池、景区水池、野外水池、喷泉池等存在潜在的危险。这些水池的深度大都未知，在其旁边嬉戏玩耍可能会导致失足落水，发生溺水的危险，甚至会威胁到生命。此外，在其旁边嬉戏玩耍可能导致误饮，而这些水池的水质无法得知，饮用后可能导致身体出现不适或者中毒。因此，要求公民不在公园水池、喷泉池等水池中戏水，规避未知的风险。

此基准点的主要要求包括三个方面：①不在公园水池、喷泉池等景观水池旁戏水打闹；②不在未知的水池、河流中钓鱼游泳；③远离景区水池、野外水池等不明深度和水质的水池、河流等。

基准点 73：打雷、下大雨时，远离大树、墙根、河岸堤、危房、建筑物等危险地方。

【释义】

本条是关于水行为中水灾害避险行为的基准点。

设置本基准点的目的在于告知公民在打雷、下大雨时，应该远离大树、墙根、河岸堤、危房、建筑物等危险地，从而规避与水相关的危险。

在打雷、下大雨时，大树、墙根、河岸堤、危房等地存在潜在的危险。打雷时大树、铁塔等可能被雷电击中，进而对公民的人身安全产生威胁。下大雨时，墙根、河岸堤、危房等地可能因长时间下雨导致土质疏松，引起坍塌，同样对公民的人身安全产生威胁。有效的预防行为可以减弱或者规避水危险带来的危害。

此基准点的主要要求包括两个方面：①打雷时远离大树、铁塔等无避雷措施的物体，避免产生危险；②下大雨时远离墙根、河岸堤、危房等地方，避免因坍塌而对公民产生的危险。

基准点 74：提前关注天气预报，避免大雨、暴雨、海啸等极端地质灾害和天气带来的危害。

【释义】

本条是关于水行为中水灾害避险行为的基准点。

设置本基准点的目的在于告知公民应提前关注天气预报，避免大雨、暴雨、海啸等极端天气带来的危害。

大雨、暴雨、海啸等极端地质灾害和天气来临时，可能对公民的人身安全造成威胁，也会对公民的财产安全产生影响。因此，政府部门需要根据气象部门提供的气象预报警报信息，对可能出现的暴雨、大风、冰雹、台风等灾害提前采取措施，最大限度地减少灾害对人民生命财产造成的损失。公民也应该提前关注天气预报，外出人员提前规划好出行方式，无外出人员应做好防护措施，避免大雨、暴雨、海啸等极端地质灾害和天气带来的危害。

此基准点的主要要求包括两个方面：①所有公民都应该提前关注天气预报，对天气情况有所掌握，若遇到大雨、暴雨、海啸等极端地质灾害和天气，应提前做好防护措施；②外出人员应根据天气合理规划，安全出行。

基准点 75：避免戏水时的危险动作并增强应急避险意识，时刻注意同伴位置，避免落单。

【释义】

本条是关于水行为中水灾害避险行为的基准点。

设置本基准点的目的在于告知公民在戏水时，应该具有避险意识，避免做一些危险动作，且时刻注意同伴的位置，避免自己或者同伴落单。

在戏水时，一定的应急避险和安全意识有利于公民保证自己的人身安全，例如留意自救逃跑路线和求生装置位置所在，留意水质好坏以判断是否可以戏水，留意水域深度以判断自身是否处于安全地带等。戏水时避免做一些危险的动作，避免对自身和他人人身安全产生威胁。时刻注意同伴位置可以帮助自己或他人第一时间发现危险，并及时发出求救信号。

此基准点的主要要求包括三个方面：①戏水时具有应急避险意识和安全意识，并时刻保持警惕；②戏水前做好热身动作，不做危险动作，做好自救、防护措施，不盲目施救；③戏水时尽量做到结伴同行，并时刻注意同伴位置，避免自己或同伴落单。

基准点 76：远离非正规戏水场地，下水前做足准备、热身活动。

【释义】

本条是关于水行为中水灾害避险行为的基准点。

设置本基准点的目的在于告知公民应去正规戏水场地，且在下水前应该做足准备、热身活动。

非正规戏水场地存在安全隐患，水域深度和水质等信息不可得知，无法判断其安全性，因此戏水一定要到正规的场地，远离非正规戏水场地。戏水、下水前应做足准备活动，提前备好救生圈或明确公共救生装置的具体位置，一旦发生意外可及时采取救助行动。也应做足热身活动，热身不足可能导致在水中抽筋、痉挛等，如水温太低应先在浅水处适应水温后再下水游泳、戏水。

此基准点的主要要求包括三个方面：①到正规场地进行戏水，远离非正规戏水场地；②戏水、下水前应做足准备活动，提前备好救生圈或明确公共救生装置的具体位置；③戏水、下水前应做足热身活动，并提前适应泳池水温，防止因热身不足或不适应水温发生意外。

基准点 77：远离水流湍急或水质浑浊的危险水域，不在未知水域及有禁止下水标志警示牌的水域戏水。

【释义】

本条是关于水行为中水灾害避险行为的基准点。

设置本基准点的目的在于告知公民远离水流湍急或水质浑浊的危险水域，不在未知水域及有禁止下水标志警示牌的水域戏水。

水流湍急或水质浑浊的危险水域存在安全隐患，这些水域无法得知水域深度和水质，远离此类水域可避免发生失足落水、误饮等危险。公民应远离水流湍急或水质浑浊的危险水域，不在未知水域及有禁止下水标志警示牌的水域戏水，提高警惕，增强自我保护意识，自觉抵制涉水危险行为，主动规避安全隐患。

此基准点的主要要求包括两个方面：①远离水流湍急或水质浑浊的危险水域，避免发生危险；②主动远离未知水域及有禁止下水标志警示牌的危险水域，如必须经过此类区域应小心谨慎并快速通过。

十八、发现存在水浪费时应当有所作为

基准点78：当发现水管爆裂、水龙头破坏等漏水现象时要及时向相关人员反映。

【释义】

本条是关于水行为中节水行为的基准点。

设置本基准点的目的在于告知公民当发现水管爆裂、水龙头破坏等漏水现象时要及时向相关人员反映，避免造成水浪费。

水管、水龙头等水器具都有一定的使用寿命，当达到使用寿命时这些水器具可能发生损坏，同时一些外部因素也有可能导致这些水器具损坏，从而出现漏水等现象。公共场所的水器具损坏时，相关的管理人员可能无法及时发现这些问题。因此，当发现水管爆裂、水龙头破坏等漏水现象时，公民应及时向相关人员反映，避免造成水浪费。

此基准点的主要要求包括两个方面：①在工作生活中要留意水管、水龙头的使用情况，当这些水器具发生损坏漏水时，能够及时发现；②当发现漏水现象时，能够做到及时、准确地向相关人员或部门反映。

基准点79：当发现他人有浪费水行为时应当及时上前制止。

【释义】

本条是关于水行为中节水行为的基准点。

设置本基准点的目的在于告知公民当发现他人有浪费水行为时应当及时上前制止，避免造成水浪费。

由于个体的个人性格、素质教养、生活环境等存在差异，个体的水素养水平也不尽相同。当个体有浪费水行为时，该个体可能并未意识到自己的错误行为，此时我们应该主动上前提醒，避免造成水浪费。也有个别人群明知故犯，浪费水资源，作为公民有义务也有责任上前制止该个体的行为。若有不听取建议或劝阻，继续浪费水的行为，应及时向相关人员或部门反映举报。

此基准点的主要要求包括两个方面：①在日常工作生活中留意他人用水的使用情况，发现他人有浪费水行为时，能够及时发现并制止；②对于不听劝阻的公民应及时向有关人员或部门反映举报。

基准点80：当在公共场合发现水龙头未关紧，有滴漏现象时，应主动上前关闭。

【释义】

本条是关于水行为中节水行为的基准点。

设置本基准点的目的在于告知公民在公共场合发现水龙头未关紧、有滴漏现象时，应主动上前关闭，避免造成水浪费。

公共场合的水龙头等水器具使用人数多、使用频率大，容易出现未关紧或忘记关闭的情况，发生滴漏造成水浪费，发现此类现象时应主动上前关闭。同时水龙头等水器具有一定的使用寿命，若的确无法关紧或关紧后仍滴漏，要主动确认水器具是否损坏，并及时向相关人员反映，避免造成水浪费。

此基准点的主要要求包括两个方面：①在公共场合留意水龙头等器具的使用情况，当水龙头未关紧，有滴漏现象时，能够及时发现；②当发现水龙头未关紧或有损坏，发生滴漏现象时，应主动上前关闭或及时向相关人员或部门反映。

十九、在家庭生活中做到节约用水

基准点 81：当洗手使用香皂或洗手液时，要及时关闭水龙头。

【释义】

本条是关于水行为中节水行为的基准点。

设置本基准点的目的在于让公民在洗手时及时关闭水龙头，以节约用水。

家庭生活中洗手揉搓时间 15 秒以上或者要用肥皂、洗手液有效去除病原菌时，要及时关闭水龙头。当搓揉洗手液和香皂时，若没有关闭水龙头，会导致大量水资源的白白流失。在洗手时如果及时关闭水龙头，一方面节省水费开支，另一方面也做到了节约用水。

此基准点的主要要求包括两个方面：①掌握洗手节水的正确步骤：打开水龙头清洗双手，将手打湿后关闭水龙头，加入洗手液或香皂，擦出泡沫，揉搓后打开水龙头将双手彻底清洗干净，然后用手撩水把水龙头冲干净，立刻关掉水龙头；②更换节水设施，如感应水龙头，这样可避免水龙头污染，减少冲洗水龙头的用水，日积月累将会节省大量水资源，在家庭生活中做到节约用水。

基准点 82：尽量不要用水解冻食品。

【释义】

本条是关于水行为中节水行为的基准点。

设置本基准点的目的在于让公民尽量不用水解冻食品。

在家庭生活中，公民常常会把冰箱冷冻室内的食物拿出解冻食用。解冻速度的快慢会影响食品的品质，解冻速度过快，处于细胞间隙的水分可能没有充足时间重新“流回”细胞内，从而使汁液流失，降低食品品质。一方面，公民在解冻食物时常常用水解冻，但这样做不仅会造成营养物质的流失，也容易出现食品安全问题。另一方面，浸泡过冻肉的水也会遭到污染和浪费，不利于水资源的节约利用。

此基准点的主要要求包括两个方面：①尽量不用水解冻，掌握正确的解冻方法，如空气自然解冻、冷藏解冻、盐水浸泡等。不管哪种解冻方式都需要注意相关事项，如食品的密封性，否则营养素会流失较多，也容易出现一些食品安全问题。②当迫不得已使用冷水解冻时，注意用保鲜膜包住食物不要和水直接接触，尽量避免用热水解冻食物；如果需要用流水解冻时，注意将水龙头关小，做到节约用水。

基准点 83：能够一水多用和循环用水，如淘米水浇花、洗衣水拖地等。

【释义】

本条是关于水行为中节水行为的基准点。

设置本基准点的目的在于让公民能够做到一水多用和循环用水。

随着人们生活水平的逐步提高，对水的需求和实际用水量也在不断增加，导致供水和用水之间矛盾日益突出。解决这一矛盾的基本路径，除了增加水的供给外，就是注重节水和一水多用及循环用水。而现实中，供给增加是有限的。因此，在日常生活中注重节水、一水多用和循环用水，一方面可以减少用水开支，另一方面可以减少水资源的浪费。

此基准点的主要要求是公民要在日常生活中做到循环用水和一水多用。如家中可用洗菜淘米的水浇花和冲厕所，尽量用手洗衣服，洗衣水可以刷鞋、擦玻璃、拖地等。另外空调水也可用来浇花、洗手、冲厕所等。

基准点 84：清洗餐具、蔬菜时可用容器接水洗涤，而不是用大量水进行冲洗。

【释义】

本条是关于水行为中节水行为的基准点。

设置本基准点的目的在于让公民清洗蔬菜餐具时做到节约用水。

在家庭生活中盆洗比用水直接冲洗的方法更节省水，洗涤蔬菜水果或洗碗时也一样，不间断地冲洗会消耗大量的水，而间断冲洗既能保证清洗干净又可以节约用水。用容器接水洗涤不仅可以在清洗过程中减少水资源的用量，而且还可以回收使用过的水，进行二次循环利用。养成节水洗涤或间断性地冲洗餐具或蔬菜的习惯有助于在家庭生活中节约用水。

此基准点的主要要求包括两个方面：①洗涤水果蔬菜餐具时用容器接水洗涤。在洗涤过程中，将需要冲洗的物品放置在容器里进行洗刷并回收利用冲洗水，重复此过程，直至完成冲洗。②对回收的洗涤水进行二次利用。

基准点 85：清洗油污过重餐具时可先用纸擦去油污，然后进行冲洗。

【释义】

本条是关于水行为中节水行为的基准点。

设置本基准点的目的在于让公民清洗油污过重餐具时做到节约用水。

在家庭生活中不可避免地要清洗油污过重的餐具，当清洗这些餐具时会发现油污需要用大量的水来冲洗才可以冲刷干净，而且清洗过油污的水很难进行二次利用，导致大量水资源的浪费。但如果事先用纸擦掉油污或使用热水浸泡一段时间，在清洗过程中既可以更快捷地清洗餐具，还可以减少大量水资源的使用，避免水资源浪费。

此基准点的主要要求包括两个方面：①在清洗油污过重餐具之前先用纸巾对餐具进行擦拭，清理掉餐具表面的油污之后再进行冲洗；②进行第二次洗刷时在水龙头下面放置接水容器，对较为干净的水进行回收利用。

基准点 86：使用节水的生活器具，如新型节水马桶、节水龙头等。

【释义】

本条是关于水行为中节水行为的基准点。

设置本基准点的目的在于让公民使用节水器具，做到节约用水。

用水器具是维持生活必不可少的必需品，如水龙头、马桶、水箱、花洒等。如果水龙头漏水、滴水或者马桶水箱出现故障，则会导致大量水资源的浪费。如果公民在家庭生活中采用质量较高的节水器，例如使用有手动或自动启闭和控制出水口水流量功能的节水型水嘴，能实现节水效果，减少水资源的使用量，起到节约水资源的作用。

此基准点的主要要求包括两个方面：①了解识别节水的生活器具，如水嘴(水龙头)、便器及便器系统、便器冲洗阀、淋浴器、家用洗衣机等；②在家庭用水器具的使用中尽量采用节水器具，可能在短期之内会有较大的经济支出，但从长远的角度考虑会节省大量的水费支出，同时对节约水资源做出了贡献。

基准点 87：使用热水时，对刚开始所放冷水进行回收利用。

【释义】

本条是关于水行为中节水行为的基准点。

设置本基准点的目的在于让公民对热水前的冷水进行回收利用。

在家庭生活中大部分热水器在释放热水之前要先放一些冷水，有时候为了使用较热的水需要流出大量干净的冷水，会造成巨大的水资源浪费，所以公民需要对刚流出的冷水加以回收、储存和利用，减少水资源的浪费。

此基准点的主要要求包括两个方面：①尽量采用高质量的热水器，减少冷水与热水之间的缓冲时间，从而减少水资源的浪费；②排放冷水时要用干净的储水容器接下干净的冷水，进行再利用。

基准点 88：刷牙时用牙杯接水后要关闭水龙头再刷。

【释义】

本条是关于水行为中节水行为的基准点。

设置本基准点的目的在于让公民在刷牙时要注意关闭水龙头，减少水资源的浪费。

在日常刷牙时，用牙杯接水后要及时关闭水龙头之后再刷牙，避免在刷牙过程中水龙头处在开启状态，造成水资源浪费。及时关闭水龙头是公民在日常生活中基本的节水素养。

此基准点的主要要求是公民要养成用牙杯接水刷牙的良好习惯和用水方式。试验和统计表明：使用长流水刷牙，水龙头每开 1 分钟，就会耗掉 8 升左右的自来水，如果刷牙用 2~4 分钟，就要流掉 24 升左右的清水，其中绝大部分水都白白地浪费了。如果用水杯接水，然后关闭水龙头开始刷牙，比起长流水的刷牙方式，节水率达 96%。

基准点 89：洗脸时不要将水龙头始终打开，应该间断性放水，避免直流造成浪费。

【释义】

本条是关于水行为中节水行为的基准点。

设置本基准点的目的在于让公民在洗脸时避免长流水，造成水资源的浪费。

洗脸，这看来最为平常的事情中却有着不平常的节水奥妙。如果在洗脸时采用长流水的方式，用洗面奶或其他洁面用品时，一直保持水龙头开启状态，水一直流出，会产生大量的水资源浪费。在洗脸的过程中应该间断性放水，从而避免直流造成浪费。

此基准点的主要要求是人们洗脸过程中在不用水时及时关闭，要注意间断性放水。用长流水洗脸会耗掉大量清水，特别是用手捧起洗脸的水占流水的1/8左右，其他的就白白浪费了。如果改用间断性放水洗脸，每人每次只用4升左右的水就足够了。如果用盆接水洗脸更为节水。

基准点90：洗衣服时投放适量洗衣粉（液），尽量使用无磷洗涤用品。

【释义】

本条是关于水行为中节水行为的基准点。

设置本基准点的目的在于让公民尽量使用无磷洗涤用品。

在家庭生活中洗衣是必不可少的日常清洁方式。洗衣时需要使用洗衣粉或者洗衣液，公民在洗衣时洗衣粉（液）要适量投入，如果过少则清洁不彻底，过多则需要更多的水进行完全清洁，从而会造成洗涤剂和水资源的不必要浪费。公民选用洗涤用品时要尽量选用无磷洗涤用品，含磷洗涤用品一方面对皮肤有害，另一方面排出的污水也会导致水环境的破坏。

此基准点的主要要求包括两个方面：①在洗衣时投入适量的洗衣粉（液），可以参考洗衣粉（液）外包装的说明注意使用量，投入适当的洗衣粉（液）即可。②采用无磷洗涤用品。含磷洗衣粉（液）是指以磷酸盐为主要助剂的一类产品，磷是一种营养元素，易造成环境水体富营养化，污染和破坏生态环境。

基准点91：洗澡时尽量使用节水花洒淋浴，搓洗香皂或沐浴液时要及时关闭淋浴头。

【释义】

本条是关于水行为中节水行为的基准点。

设置本基准点的目的在于让公民在洗澡时节约用水。

洗澡是人们日常生活中必不可少的，因工作需要或生活习惯的改变，很多人习惯每天洗一次或两次澡。洗澡会使用到大量的水资源，在洗澡过程中尽量使用节水花洒淋浴，搓洗香皂沐浴液时及时关闭淋浴头，可以避免水直流而造成的水资源浪费。

此基准点的主要要求包括两个方面：①选用节水喷头。淋浴用的喷头是节水的关键，普通龙头流出的水是水柱，水量大，且导致70%～80%的水飞溅，大部分水被白白浪费掉。因此在洗澡时最好使用花洒式喷头，既能扩大淋浴面积，又控制了水的流量，达到了节水的目的。②间断放水淋浴。淋浴时不要让水自始至终地开着，抹沐浴液、搓洗时关掉洗澡设备，避免水直流造成的水资源的浪费。

二十、规范自身护水行为

基准点 92：不往水体中丢弃、倾倒废弃物。

【释义】

本条是关于水行为中护水行为的基准点。

设置本基准点的目的在于告知公民不向公园水池、喷泉池、河流湖泊等水体中丢弃、倾倒废弃物，规范自身水行为，保护淡水环境。

保护水环境是每个公民义不容辞的义务与责任。保护淡水环境，从规范自身水行为做起。首先要做到的是保证自身不污染淡水，并且监督、制止他人的污染行为。因此，公民应杜绝一切可能对淡水造成污染的行为，做到不往公园水池、喷泉池、河流湖泊等水体中丢弃、倾倒废弃物，不在水源地游泳等。

此基准点的主要要求包括两个方面：①要知道保护淡水环境是每个公民的义务与责任；②公民应杜绝一切污染水的行为，做到不往公园水池、喷泉池、河流湖泊等水体中丢弃、倾倒废弃物，不在水源地游泳等。

基准点 93：主动保护海洋环境，如不往水体中丢弃、倾倒废弃物，主动捡起垃圾、制止污染行为等。

【释义】

本条是关于水行为中护水行为的基准点。

设置本基准点的目的在于告知公民应主动保护海洋环境，不往海洋中丢弃垃圾，主动捡起垃圾等。

人类活动给海洋环境和海洋资源带来了巨大的冲击，反过来，海洋污染又对海洋生物资源、工业用水质量和人类自身的健康造成日益严重的威胁。保护海洋环境是每个公民义不容辞的义务与责任，要从规范自身水行为做起，保证不污染海洋环境，并且监督、制止他人的污染行为，因此，公民需要积极主动地去保护海洋环境，不往海洋中丢弃垃圾，主动捡起垃圾等。

此基准点的主要要求包括两个方面：①要知道保护海洋环境是每个公民的义务与责任；②公民应杜绝一切污染海洋水资源的行为，保证不往海洋中丢弃垃圾，主动捡起垃圾等。

二十一、参与防范水污染的说服和制止行为

基准点 94：及时制止他人往水体中乱丢垃圾的行为。

【释义】

本条是关于水行为中护水行为的基准点。

设置本基准点的目的在于告知公民在保证自身不往水体中乱丢垃圾的同时，也应当及时制止他人往水体中乱丢垃圾的行为。

水体通常是指地面水体，其与人们的生活和生产活动密切相关，是以相对稳定的陆地为边界的天然水域，包括江、河、湖、海、冰川、积雪、水库、池塘等，是地表水圈的重要组成部分。水体环境是人类赖以生存和发展的基础，公民不仅自己不应往水体排放污水、乱丢垃圾，同时还要做到及时制止他人类似的行为。

此基准点的主要要求包括两个方面：①知道每个公民有义务及时提醒、制止他人水污染行为；②当发现他人往水体中乱丢垃圾时应主动上前制止。

基准点 95：能够初步识别他人或组织的涉水违法行为，并对其进行举报。

【释义】

本条是关于水行为中护水行为的基准点。

设置本基准点的目的在于让公民能够初步识别他人或组织的涉水违法行为，当发现他人或组织的涉水违法行为时能够对其进行举报。

涉水违法行为包括河道非法采砂、非法排污、水利工程阻工、侵占河湖、霸占农村水源、破坏水土保持和水生态等方面。公民应具备识别涉水违法行为的能力，可参照《水污染防治法》《环境保护法》等法律法规，对于企业等组织的污水排放，可参照《城镇排水与污水处理条例》和《城镇污水排入排水管网许可管理办法》。当发现违反水相关法律法规规章规定、直接或者间接向自然水体和公共排水管网排放污水或其他污染物的行为时，所有公民有义务客观如实举报，并保存相关线索及证据。

此基准点的主要要求包括三个方面：①了解并主动学习水污染、环境保护等相关法律法规；②能够准确地识别他人或组织的涉水违法行为；③当发现他人或组织的涉水违法行为时，知道举报电话并主动对其进行举报。

基准点 96：主动制止、举报个人或组织的水污染行为。

【释义】

本条是关于水行为中护水行为的基准点。

设置本基准点的目的在于告知公民应主动制止、举报个人或组织的水污染行为。

人们生产生活垃圾会对水体产生生物污染，如垃圾中的重金属元素（如汞、镉、铬等）及其他有毒、有害物质，随水流注入地表水体（河流、湖泊）或渗入土壤和地下水体，造成对水和土壤的严重污染，给生态系统造成严重危害。有些毒害物质通过"食物链"的形式进入人体，逐渐蓄积，从而危害人的神经系统、造血系统等，甚至引发癌症。因此，要主动制止、举报个人或组织的水污染行为，以保护我们赖以生存的生态环境。

此基准点的主要要求包括三个方面：①了解造成水污染的原因，知道水污染对自然环境、人体会带来哪些危害；②了解历史中的重大水污染事件及其产生的影响；③当发现个人或组织有水污染行为时，能够主动制止并及时举报。

二十二、积极参与护水活动

基准点 97：积极参观游览与水相关名胜古迹、水利博物馆、水情教育基地。

【释义】

本条是关于水行为中护水行为的基准点。

设置本基准点的目的在于告知公民应积极参与水活动，积极参观游览与水相关的名胜古迹、水利博物馆、水情教育基地，学习更多水相关的知识，培养良好的水兴趣。

从古至今，我国劳动人民在治水过程中修建了许多著名的水利设施，形成了众多的水相关名胜古迹和景点，例如都江堰、红旗渠、坎儿井、三峡水利枢纽工程、小浪底水利枢纽工程等。同时，众多的水利博物馆和水情教育基地具有科普、宣传、教育、研究、交流和休闲等功能。参观游览这些场所，有利于帮助公民更多地了解与之相关的历史故事，可以让公民近水、亲水、观水和识水，陶冶情操，有助于培养公民的水兴趣，提升公民的水素养。

此基准点的主要要求包括两个方面：①知道我国重要的水相关名胜古迹、水利博物馆、水情教育基地，了解其基本概况；②培养水兴趣，积极参观游览与水相关名胜古迹、水利博物馆、水情教育基地。

基准点 98：积极参加节水相关活动，如节水知识竞赛、节水创意作品征集活动。

【释义】

本条是关于水行为中护水行为的基准点。

设置本基准点的目的在于要求公民积极参加节水相关活动，如节水知识竞赛、节水创意作品征集活动，培养良好的节水意识，从而在生活中做到节约用水。

为了进一步提高全社会关心水、爱惜水、保护水和水忧患意识，促进水资源的开发、利用、保护和管理，在每年的“世界水日”和“中国水周”来临之际，从中央到各地相关部门都会举办节水相关活动，如全国节约用水知识大赛、节水创意作品征集活动等，向全社会宣传普及节约用水知识，提高公民节水意识，促进我国节水型社会建设。鼓励公民积极参加节水相关活动，有利于提升公民水素养。

此基准点的主要要求包括三个方面：①提高自身节水意识，夯实自身水基础知识；②了解当地及身边所举办的水相关活动及其意义；③积极参加节水知识竞赛、节水创意作品征集等活动。

基准点 99：积极参加植树造林活动。

【释义】

本条是关于水行为中护水行为的基准点。

设置本基准点的目的在于让公民知道植树节相关知识，并告知公民在植树节当天或者其他时间应积极参加植树造林活动。

植树造林可以治理沙化耕地，控制水土流失，防风固沙，增加土壤蓄水能力，还可以大大改善生态环境，减少洪涝灾害的损失，并且随着经济林陆续进入成熟期，还会产生直接经济效益。为此，国家专门设立植树节，并组织动员群众积极参加植树造林活动。公民应当了解植树造林的作用及意义，关注并了解每年植树节的主题和相关标语，同时要主动积极参加植树造林活动。

此基准点的主要要求包括三个方面：①了解植树节的起源、生态价值、节徽含义，关注并了解每年植树节的主题和相关标语；②公民应爱惜、保护树木资源，与森林树木和谐共处；③在植树节当天或者其他时间应积极参加植树造林活动。

基准点 100：参与节水、爱水、护水的宣传教育活动。

【释义】

本条是关于水行为中护水行为的基准点。

设置本基准点的目的在于告知公民应积极参与节水、爱水、护水的宣传教育活动，从而培养良好的节水、爱水、护水意识，提高全民水素养。

节水护水志愿服务与水利公益宣传教育工作要准确把握新时代治水矛盾变化和治水总基调，充分认识新时代水利改革发展对节水护水志愿服务与水利公益宣传教育提出的新要求，社会各界积极倡导公民“节水、爱水、护水”，自觉抵制浪费水行为，努力打造全民参与、科学规范、节约高效的文明用水环境。公民应牢固树立节水、爱水、护水意识，积极主动参与节水、爱水、护水的宣传教育活动。

此基准点的主要要求包括三个方面：①知道节水护水志愿服务与水利公益宣传教育工作的目的和意义；②知道“世界水日”和“中国水周”的时间，了解每年的主题，树立节水、爱水、护水意识；③积极主动参与节水、爱水、护水的宣传教育活动。

第七章　总结与建议

本书结合新时代治水背景，在了解国内外研究现状、我国公民水素养基准历史演进以及借鉴其他相关素养研究的基础上，对公民水素养基准进行定位，提出了公民水素养基准制定过程中应把握的原则，使用混合研究方法对公民水素养基准进行探索性研究，并对水素养基准进行释义。主要研究工作和贡献包括以下几个方面：

首先，对公民水素养基准进行历史溯源。中华文化的历史传承与水紧密相连，治水与治国相互交织，治水思想和治水实践交相辉映，积累沉淀了丰富的知识、技能、经验和智慧，为当代治水思想和理论的形成以及公民水素养基准概念和框架的提出提供了丰富的思想源泉、理论滋养和深厚土壤。研究中探索性地划分了两个阶段：第一个大的进程是，从公元前5800年到1840年鸦片战争之前，是中华水意识的萌发阶段，并通过从“畏水”到“利水”的转变、从“利水”到“管水”的转变、公民水意识的全面觉醒三个阶段初步梳理了中华水意识从懵懂到觉醒的过程。第二个大的进程为鸦片战争之后到当代中国，是对中国公民水素养问题的初步探索阶段，并通过对中国公民水知识教育初步探索、传统水利背景下水科普教育探索与反思、现代水利背景下公民水素养理论框架的初步提出三个阶段分析了中国公民水素养问题从缺失到凸显的探索过程。

其次，使用混合研究方法提出公民水素养基准框架。运用扎根理论方法对公民水素养基准框架及具体基准点进行探索，借助质性研究软件Nvivo12.0对原始资料进行编码，通过开放性编码、主轴性编码和选择性编码三个步骤得到定性研究结果，即公民水素养基准体系框架，具体包括4个核心范畴、12个主范畴、24个副范畴以及110条概念化语句。在定性研究结果的基础上，再通过定量研究中因子分析方法对公民水素养基准制定进行探索，构建旋转模型，确定指标体系，得到定量研究结果。定量研究方法构建的公民水素养基准包括12个一级指标，14个二级指标，以及78个基准点题项。根据基于定性和定量研究所确定的研究结果，分析两种研究方法在制定过程中存在的问题，参考专家学者意见，对公民水素养基准进行优化整合，采用“基准点→基准→领域→维度”的框架形式，形成了包括4个维度，11个领域，22条基准和100个基准点的公民水素养基准，得到公民水素养基准框架。基准的4个维度分别是水知识、水技能、水态度和水行为，其中水知识包括水基础知识、水资源与环境知识、水安全与管理知识3个领域，水技能包括水安全技能、水生活技能2个领域，水态度包括水情感、水意识、水责任3个领域，水行为包括水灾害避险行为、节水行为、护水行为3个领域。

最后，对水素养基准进行释义。释义顾名思义就是解释义理、阐明意义以及解释词义或文义的意思。本书尝试按照该基准点所属基准、设置目的、设置意义、主要内容和要求的基本格式，对每个基准点进行了解释，力图比较准确地把握每个基准点在基准、所在领域和维度中的定位以及不同基准点之间的关系，尽可能详细和准确地提出每个基准点的具体内容和要求。这个工作对我们的专业知识和能力带来了极大的挑战，但由于受专业、能力，特别是时间的限制，在这方面还存在不小的差距。

在上述研究的基础上，提出如下建议：

第一，借鉴2016年科技部与中宣部联合发布的《中国公民科学素质基准》的范式与要求，编写制定《中国公民水素养基准》。可以将中国公民水素养基准（研究版）交由水利部主管部门组织相关部门领导、专家学者以及社会各界代表进行讨论和征求修改意见，形成《中国公民水素养基准（征求意见版）》；可以由水利部主管部门通过官网、社交媒体等渠道将《中国公民水素养基准（征求意见版）》予以推广发布，征求社会各界多方意见和建议；最后根据意见和建议对水素养基准研究版进行补充、完善或修订，形成最终版本的《中国公民水素养基准》，报请水利部，并与科技部、教育部和团中央等联合颁布。使《中国公民水素养基准》成为制定公民水素养行动计划，开展公民水素养宣传教育，开展公民水素养科学评价的基本标准。

第二，建议在完成《中国公民水素养基准》的基础上组织编写著作《水素养基准指南》，该指南应对水素养基准进行说明，在本书初步研究的基础上，组织国内专家广泛开展对水素养基准的研究工作，完善基准释义的编写格式和框架，具体对每一个基准点的含义和要求进行解释，并对内容进行深度剖析，使其成为面向不同对象的水素养教育读本的编写大纲和教育指南。

第三，开展中国公民水素养基准的宣传教育工作。建议水利相关部门组织党政机关干部、工人、农民、学生等社会各界人士学习，开展培训活动；组织新闻媒体对基准进行广泛宣传，在全社会大力普及基础水知识，树立科学水态度，掌握基本水技能，规范日常水行为，提高全民水素养水平，推动形成关心水、亲近水、爱护水、节约水的全民共识，努力营造惜水、节水、爱水、护水的良好氛围，为建设节水型国家和实现经济社会可持续发展奠定坚实的社会基础。

参考文献

[1] Aisa R., Larramona G. Household water saving: Evidence from Spain [J]. Water Resources Research, 2012, 48 (12): 203-214.

[2] Baggett S., Jefferson B., Jeffrey P. Just how different are stakeholder group opinions on water management issues [J]. Desalination, 2008, 218 (1-3): 132-141.

[3] Bandura A. Social cognitive theory: An agentic perspective [J]. Asian Journal of Social Psychology, 1999, 2 (1): 21-41.

[4] Bruvold W. H. Public opinion and knowledge concerning new water sources in California [J]. Water Resour Research, 1972, 8 (5): 1145-1150.

[5] Choe Seung-Urn, Ko Sun-Young. Developing a pool of test-items to assess students' understanding of the history of science: Based upon AAAS "Benchmarks for science literacy" [J]. The SNU Journal of Education Research, 2006, 15 (1): 73-90.

[6] Chong-Guang H. U. The new American mathematics educational thoughts in benchmarks for science literacy [J]. Journal of Educational Science of Hunan Normal University, 2009, 7 (1): 34-36.

[7] Corral-Verdugo V., Bechtel R. B., Fraijo-Sing B. Environmental beliefs and water conservation: An empirical study [J]. Journal of Environmental Psychology, 2003, 23 (3): 247-257.

[8] Darbandsari P., Kerachian R., Malakpour-Estalaki S. An agent-based behavioral simulation model for residential water demand management: A case-study of the Tehran City [J]. Simulation Modelling Practice and Theory, 2017, 78: 51-72.

[9] Dean A. J., Fielding K. S., Newton F. J., et al. Community knowledge about water: Who has better knowledge and is this associated with water-related

behaviors and support for water-related policies [J]. Plos One, 2016, 11 (7).

[10] Dada D. O., Chris Eames, Nigel Calder. Impact of environmental education on beginning preservice teachers' environmental literacy [J]. Australian Journal of Environmental Education, 2018, 33 (3): 201-222.

[11] Giacalone K., Mobley C., Sawyer C., et al. Survey says: Implications of a public perception survey on stormwater education programming [J]. Journal of Contemporary Water Research & Education, 2010, 146 (1): 92-102.

[12] Gill R. Droughts and flooding rains: Water provision for a growing australia [M]. Sydney: Centre for Independent Studies, 2011.

[13] Glaser B. G., Strauss A. L. The discovery of grounded theory: Strategies for qualitative research [M]. New York: Routledge, 2017.

[14] Glick D. M., Goldfarb J. L., Heiger-Bernays W., et al. Public knowledge, contaminant concerns, and support for recycled water in the United States [J]. Resources, Conservation and Recycling, 2019.

[15] Good R., Shymansky J. Nature-of-science literacy in benchmarks and standards: Post-modern/relativist or modern/realist? [J]. Science & Education, 2001, 10 (1-2): 173-185.

[16] Guagnano G. A., Stern P. C., Dietz T. Influences on attitude-behavior relationships: A natural experiment with curbside recycling [J]. Environment and Behavior, 1995, 27 (5): 699-718.

[17] Harnish L., Carpenter A. T., Moran S. Comparing water source knowledge in cities that exceed the lead action level [J]. American Water Works Association Journal, 2017, 109 (3): 27.

[18] Hill K. Q., Myers R. Scientific literacy in undergraduate political science education: The current state of affairs, an agenda for action, and proposed fundamental benchmarks [J]. Political Science & Politics, 2014, 47 (4): 835-839.

[19] Huang X. Administrative discretion standard: Theory, practice and way out [J]. Journal of Gansu Administration Institute, 2009.

[20] Hurd P. D. H. Scientific literacy: New minds for a changing world [J]. Science Education, 1998, 82 (3): 407-416.

[21] Irwin B. R., Speechley M. R., Gilliland J. A. Assessing the relationship between water and nutrition knowledge and beverage consumption habits in children

[J]. Public Health Nutrition, 2019, 22 (16): 3035-3048.

[22] James A., Kelly D., Brown A., et al. Behaviours and attitudes towards waterways in South East Queensland: Report prepared for South East Queensland healthy waterways partnership [J]. Brisbane: Institute for Social Science Research, University of Queensland, 2010.

[23] Jee Y. H., Son D. W., Kim D. S. The effects of water education program of high school students: 8 months experimental study [J]. Journal of the Korean Society of Health Information and Health Statistics, 2011, 36 (1): 25-37.

[24] Kanchanapibul M., Lacka E., Wang X., et al. An empirical investigation of green purchase behaviour among the young generation [J]. Journal of Cleaner Production, 2014, 66: 528-536.

[25] Laugksch R. C. Scientific literacy: A conceptual overview [J]. Science Education, 2000, 84 (1): 71-94.

[26] Lawrence K., Mcmanus P. Towards household sustainability in Sydney? Impacts of two sustainable lifestyle workshop programs on water consumption in existing homes [J]. Geographical Research, 2008, 46 (3): 314-332.

[27] Lucas P. J., Cabral C., Colford Jr J. M. Dissemination of drinking water contamination data to consumers: A systematic review of impact on consumer behaviors [J]. Plos One, 2011, 6 (6).

[28] Martinsson J., Lundqvist L. J., Sundström A. Energy saving in Swedish households. The (relative) importance of environmental attitudes [J]. Energy Policy, 2011, 39 (9): 5182-5191.

[29] McGregor D. Traditional knowledge: Considerations for protecting water in Ontario [J]. International Indigenous Policy Journal, 2012, 3 (3): 1-21.

[30] Miller J. D. Scientific literacy: A conceptual and empirical review [J]. Daedalus, 1983: 29-48.

[31] Mills T. Water resource knowledge assessment of college-bound high school graduates [J]. Proceedings of the Oklahoma Academy of Science, 1983, 63: 78-82.

[32] Padawangi R. Building knowledge, negotiating expertise: Participatory water supply advocacy and service in globalizing Jakarta [J]. East Asian Science, Technology and Society: An International Journal, 2017, 11 (1): 71-90.

[33] Pritchett J. G., Bright A., Shortsleeve A., et al. Public perceptions, preferences, and values for water in the west: A survey of western and Colorado residents [J]. Special Report (Colorado Water Institute), 2009 (17): 1-40.

[34] Randolph B., Troy P. Attitudes to conservation and water consumption [J]. Environmental Science & Policy, 2008, 11 (5): 441-455.

[35] Roth C. E. Environmental literacy: Its roots, evolution and directions in the 1990s [J]. The Educational Resources Information Center, 1992, 71 (1): 1-43.

[36] Straus J., Chang. H., Hong. C. Y. An exploratory path analysis of attitudes, behaviors and summer water consumption in the Portland Metropolitan Area [J]. Sustainable Cities and Society, 2016, 23: 68-77.

[37] Tapia-Fonllem C., Corral-Verdugo V., Fraijo-Sing B., et al. Assessing sustainable behavior and its correlates: A measure of pro-ecological, frugal, altruistic and equitable actions [J]. Sustainability, 2013, 5 (2): 711-723.

[38] Tong J., Chen M., Yang W., et al. Accumulation of freshwater in the permanent ice zone of the Canada Basin during summer 2008 [J]. Acta Oceanologica Sinica (English Edition), 2017, 36 (10): 101-108.

[39] William A. Clark, James C. Finley. Determinants of Water Conservation Intention in Blagoevgrad, Bulgaria [J]. Society & Natural Resources, 2007, 20 (7): 613-627.

[40] Xu Ran, Wang Wenbin, Wang Yanrong, Zhang Binbin. Can water knowledge change citizens' water behavior? A case study in Zhengzhou, China [J]. Ekoloji, 2019, 28 (107): 1019-1027.

[41] 卜玉梅．虚拟民族志：田野、方法与伦理 [J]. 社会学研究，2012，27 (6)：217-236，246.

[42] 曹顺仙．当代中国水伦理的理论形态与研究领域 [J]. 南京工业大学学报（社会科学版），2014，13 (4)：51-56，63.

[43] 常跟应，黄夫朋，李曼，等．中国公众对全球气候变化认知与支持减缓气候变化政策研究——基于全球调查数据和与美国比较视角 [J]. 地理科学，2012，32 (12)：1481-1487.

[44] 陈德权，娄成武．环境素养评价体系与模型的构建及实证分析 [J]. 东北大学学报（自然科学版）2003，24 (2) ：170-173.

[45] 陈欢，李坤．大学生水情教育调查研究及浅析 [J]. 教育教学论坛，

2015 (37): 46-47.

[46] 陈乾．行政处罚裁量基准制度完善路径的冷思考 [J]．法制博览，2015a (12): 194-195.

[47] 陈乾．健全行政裁量基准制度的路径探索——以行政处罚领域的实证考察为视角 [J]．广西政法管理干部学院学报，2015b，30 (4): 48-50，69.

[48] 陈向明．质的研究方法与社会科学研究 [M]．北京：教育科学出版社，2000: 1-8.

[49] 陈岩，徐娜，王赣闽，等．中国居民节水意识和行为的典型区域调查与影响因素分析——以河北省和福建省为例 [J]．资源开发与市场，2018，34 (3): 335-341，438.

[50] 陈阳．我国跨区域水污染协同治理机制研究 [D]．江苏师范大学，2017.

[51] 楚行军．美国中小学水教育对我国水文化教育的启发——以“全球水供给课程”教育项目为例 [J]．现代中小学教育，2015，31 (9): 119-121.

[52] 褚俊英，陈吉宁，王灿．城市居民家庭用水规律模拟与分析 [J]．中国环境科学，2007 (2): 131-136.

[53] 邓月桂．利用农村学生优势宣传农村护水知识 [J]．农业与技术，2005 (3): 226-227.

[54] 董慧敏．行政裁量基准的制定 [D]．重庆大学，2015.

[55] 段雪梅，陆海明，赵海涛，等．苏北地区农村居民生活用水排水方式及对周边水环境认知研究 [J]．中国农学通报，2013 (11): 179-185.

[56] 费小冬．扎根理论研究方法论：要素、研究程序和评判标准 [J]．公共行政评论，2008 (3): 23-43，197.

[57] 风笑天．定性研究与定量研究的差别及其结合 [J]．江苏行政学院学报，2017 (2): 68-74.

[58] 冯燕．目标设置对幼儿游泳技能学习、兴趣和情绪的影响 [J]．北京体育大学学报，2004 (4): 468-470.

[59] 高宏斌，鞠思婷．公民科学素质基准的建立：国际的启示与我国的探索 [J]．科学通报，2016，61 (17): 1847-1856.

[60] 高丽祥．全面强化节水宣传，提高全民节水意识 [J]．法制与经济（上旬刊），2009 (12): 122-123.

[61] 谷伟豪．农村居民用水行为识别方法研究 [D]．西安理工大学，2017.

［62］陈茂山，张旺，陈博．节水优先——从观念、意识、措施等各方面都要把节水放在优先位置［J］．水利发展研究，2018，9：8-16.

［63］陈茂山，陈金木．新时代治水总纲：从改变自然征服自然转向调整人的行为和纠正人的错误行为［J］．水利发展研究，2019，12：1-4，16.

［64］陈超．中原农业水文化研究［M］．北京：中国水利水电出版社，2017.

［65］郝泽嘉，王莹，陈远生，等．节水知识、意识和行为的现状评估及系统分析——以北京市中学生为例［J］．自然资源学报，2010，25（9）：1618-1628.

［66］胡重光．从《科学素养的基准》看美国的数学教育思想［J］．湖南师范大学教育科学学报，2009，8（2）：74-77.

［67］黄铁苗，胡青丹．借鉴国外节水经验促进我国水资源节约［J］．岭南学刊，2009（2）：30-33.

［68］姜海珊，赵卫华．北京市居民用水行为调查分析及节水措施［J］．水资源保护，2015（5）：110-113.

［69］姜玉莲．贫困地区农村中学教师信息素养需要分析及发展策略［D］．东北师范大学，2005.

［70］金巍，章恒全，张洪波，等．城镇化进程中人口结构变动对用水量的影响［J］．资源科学，2018，40（4）：784-796.

［71］金玮佳．基于 Probit 回归模型的城镇社区居民节水行为影响因素分析［J］．农村经济与科技，2015（8）：43-46.

［72］赖晓华．基于职业素养的高职人才培养模式量化研究［J］．湖北函授大学学报，2016，29（24）：27-28.

［73］劳可夫，王露露．中国传统文化价值观对环保行为的影响——基于消费者绿色产品购买行为［J］．上海财经大学学报（哲学社会科学版），2015，17（2）：64-75.

［74］李大光．中国公众科学素养研究 20 年［J］．科技导报，2009，27（7）：104-105.

［75］李明华．我国行政裁量基准制度研究［D］．上海大学，2015.

［76］廖显春，夏恩龙，王自锋．阶梯水价对城市居民用水量及低收入家庭福利的影响［J］．资源科学，2016（38）：19-47.

［77］刘海芳，张志红，李耀福，等．太原市两社区居民饮用水使用和健康知识知晓状况调查［J］．环境卫生学杂志，2014（4）：336-339.

［78］刘俊良，李会东，等．节约用水知识读本［M］．北京：化学工业出

版社，2016.

[79] 刘阳彤．基层公务员的新媒介素养调查报告［D］．河北大学，2014.

[80] 卢振波，李晓东．民族志方法在图书馆学情报学研究中的应用［J］．情报资料工作，2014（3）：13-17.

[81] 陆益龙．水环境问题、环保态度与居民的行动策略——2010CGSS 数据的分析［J］．山东社会科学，2015（1）：70-76.

[82] 罗春芳．当前我国水文化传播研究［D］．华北水利水电大学，2016.

[83] 罗增良，左其亭，马军霞．水知识宣传途径与方法探讨［J］．水利发展研究，2014，14（4）：82-87.

[84] 马来平．《中国公民科学素质基准》的基本认识问题［J］．贵州社会科学，2008（8）：4-10.

[85] 马训舟，张世秋．累进阶梯式水价下居民用水价格感知方式与选择分析［J］．中国人口·资源与环境，2015，25（11）：128-135.

[86] 芈凌云，杨洁，俞学燕，杜乐乐．信息型策略对居民节能行为的干预效果研究——基于 Meta 分析［J］．软科学，2016，30（4）：89-92.

[87] 穆泉，张世秋，马训舟．北京市居民节水行为影响因素实证分析［J］．北京大学学报（自然科学版）2014，50（3）：587-594.

[88] 青平，聂坪，陶蕊．城市居民节水行为的实证分析——基于消费者计划行为理论的视角［J］．华中农业大学学报（社会科学版），2012（6）：64-69.

[89] 任定成，郑丹．美国公民科学技术素质标准的设立和演变［J］．贵州社会科学，2010（1）：16-30.

[90] 任磊，张超，何薇．中国公民科学素养及其影响因素模型的构建与分析［J］．科学学研究，2013，31（7）：983-990.

[91] 任雪园．扎根理论视域下工匠核心素养的理论模型与实践逻辑［D］．陕西师范大学，2018.

[92] 沈蓓绯，纪玲妹．节水型社会背景下的水伦理体系建构［J］．河海大学学报（哲学社会科学版），2010，12（4）：38-42，90-91.

[93] 宋怡，丁小婷，马宏佳．专家型教师视角下的化学学科核心素养——基于扎根理论的质性研究［J］．课程·教材·教法，2017（12）：78-84.

[94] 宋哲．我国行政裁量基准制度实证研究［J］．求索，2015（3）：116-120.

[95] 孙启成，管祥．提升普通大学生游泳运动技能途径探索［J］．体育

世界（学术版），2018（10）：20-21.

[96] 孙晓娟．南战区师以上干部健康素养与代谢综合征相关性的研究[D]．第三军医大学，2016.

[97] 唐琳．《中国公民科学素质基准》引发社会大讨论[J]．科学新闻，2017（2）：40-41.

[98] 唐小为．美国水教育项目综述：比较与借鉴[J]．地理教学，2010（22）：29-31.

[99] 田海平．“水”伦理的生态理念及其道德亲证[J]．河海大学学报（哲学社会科学版），2012，14（1）：27-32.

[100] 田康，王延荣，许冉，孙宇飞，孙志鹏．公民水素养评价表征因素模型构建与分析[J]．水利水电技术，2018，49（12）：118-125.

[101] 田康．公民水素养评价模型及方法研究[D]．华北水利水电大学，2019.

[102] 王国猛，黎建新，廖水香，等．环境价值观与消费者绿色购买行为——环境态度的中介作用研究[J]．大连理工大学学报（社会科学版），2010（4）：37-42.

[103] 王建明，王秋欢，吴龙昌．城市居民节水行为的启动、形成和持续机制：双重视角下的探索性研究[J]．消费经济，2016（4）：10-16.

[104] 王建明，王秋欢，吴龙昌．家庭节水欲望的启动及其对节水行为响应的传递效应——一个修正的目标导向行为模型[J]．统计与信息论坛，2016，31（8）：98-105.

[105] 王建明，吴龙昌．绿色购买的情感——行为双因素模型：假设和检验[J]．管理科学，2015，28（6）：80-94.

[106] 王金玉，李盛．兰州市企业职工对突发性水污染事故知识的知晓情况调查研究[J]．中国病毒病杂志，2009（3）：212-215.

[107] 王清义．中西当代水伦理比较及其对我国水资源管理的启示[J]．华北水利水电大学学报（社会科学版），2016，32（2）：1-3.

[108] 王微．《中国公民科学素质基准》发布引热议[J]．科技导报，2016，34（9）：9.

[109] 王锡锌．自由裁量权基准：技术的创新还是误用[J]．法学研究，2008，30（5）：36-48.

[110] 王新娜．我国城镇化进程中城市居民生活用水“浪费”的根源研

究［J］. 干旱区资源与环境，2015，29（11）：49-54.

［111］吴曼妮，魏赟，吴龙昌．情感和认知要素下的家庭节水行为研究［J］. 市场周刊（理论研究），2016（11）：125-127.

［112］吴毅，吴刚，马颂歌．扎根理论的起源、流派与应用方法述评——基于工作场所学习的案例分析［J］. 远程教育杂志，2016，35（3）：32-41.

［113］夏鑫，何建民，刘嘉毅．定性比较分析的研究逻辑——兼论其对经济管理学研究的启示［J］. 财经研究，2014，40（10）：97-107.

［114］向红，杨蕙，蒋励，等．山区居民饮水相关知识、态度和行为状况调查分析［J］. 中国卫生事业管理，2014，31（11）.

［115］熊樟林．裁量基准制定中的公众参与——一种比较法上的反思与检讨［J］. 法制与社会发展，2013，19（3）：21-31.

［116］徐小燕，钟一舰．水资源态度与节水行为关系研究现状及发展趋势［J］. 社会心理科学，2011（9）：48-54.

［117］薛彩霞，黄玉祥，韩文霆，等．政府补贴、采用效果对农户节水灌溉技术持续采用行为的影响研究［J］. 资源科学，2018，40（7）：1418-1428.

［118］薛艳丽．智者一虑——培养孩子的逃生技能［J］. 安全与健康，2005（1）：48.

［119］杨晓荣，梁勇．城市居民节水行为及其影响因素的实证分析——以银川市为例［J］. 水资源与水工程学报，2007（2）：44-47.

［120］叶征昌．行政裁量基准的制定研究［D］. 南昌大学，2017.

［121］尹志华．中国体育教师专业标准体系的探索性研究［D］. 华东师范大学，2014.

［122］余达淮，许圣斌，陆晓平．节水型社会的伦理理念和原则［J］. 水利发展研究，2005（9）：27-29，55.

［123］原宁，王曦，刘馨越．节水态度和节水行为间的中介效应研究——德阳市民众节水环保素质的调查与建议［J］. 四川环境，2015，34（6）：140-145.

［124］岳婷，龙如银，戈双武．江苏省城市居民节能行为影响因素模型——基于扎根理论［J］. 北京理工大学学报（社会科学版），2013，15（1）：34-39.

［125］张宾宾，王延荣，许冉，田康．个人特征差异对城镇居民水素养水平的影响研究——以中部六省省会城市为例［J］. 干旱区资源与环境，2020，34（2）：58-63.

[126] 张润平．高校游泳教学中对学生水上自救救助技能培养的方法与必要性分析 [J]．教育教学论坛，2018 (19)：228-229.

[127] 张胜武，石培基，王祖静．干旱区内陆河流域城镇化与水资源环境系统耦合分析——以石羊河流域为例 [J]．经济地理，2012 (8)：144-150.

[128] 王延荣，许冉，孙宇飞．中国公民水素养评价研究进展 [J]．水利发展研究，2017，17 (11)：52-56.

[129] 张泽玉，李薇．中国公民科学素质基准研究 [J]．科普研究，2007 (6)：15-18.

[130] 张增一．中国公民科学素质标准的体系框架探析 [J]．科学，2004，56 (6)：35-38.

[131] 赵黎霞，李全娥，时静．关于水情教育工作的探讨 [J]．城镇供水，2017 (6)：70-72.

[132] 赵太飞，谷伟豪，段延峰．农村居民用水行为的识别方法 [J]．水资源与水工程学报，2016 (4)：70，74，80.

[133] 赵卫华．居民家庭用水量影响因素的实证分析——基于北京市居民用水行为的调查数据考察 [J]．干旱区资源与环境，2015 (4)：137-142.

[134] 郑新业，李芳华，李夕璐，等．水价提升是有效的政策工具吗？[J]．管理世界，2012 (4)：47，59，69.

[135] 周立军，李亦菲．对青少年科学素养基准结构的分析 [J]．科普研究，2015，10 (1)：74-82.

[136] 周永．高中专项化乒乓球项目核心素养模型构建——基于扎根理论的研究 [J]．考试周刊，2017 (78)：114-116.

[137] 周佑勇，熊樟林．裁量基准制定权限的划分 [J]．法学杂志，2012，33 (11)：15-20.

[138] 周佑勇．裁量基准的正当性问题研究 [J]．中国法学，2007 (6)：22-32.

[139] 朱新力，骆梅英．论裁量基准的制约因素及建构路径 [J]．法学论坛，2009，24 (4)：17-23.

附　录

附录1　中国公民水素养基准的探索性研究访谈提纲

访谈者：　　　　**访谈对象 E-mail：**　　　　**访谈时间：**　　　　**访谈地点：**

您好！感谢您在百忙之中参与我们的访谈，本次访谈为水利部宣传教育中心委托课题研究的重要内容，我们保证不会泄露您的任何信息，并且所有访谈内容仅供研究之用。您可根据自己的专业知识、工作体会和生活经验回答我们访谈的问题。感谢您的合作，希望能与您交流愉快。

1. 首先您能否谈一下对“素养”一词的理解？

2. 目前提出的素养范畴有科学素养、健康素养、金融素养等。那您是否有听过或者了解与水相关的素养范畴？

3. 国际上普遍将科学素养概括为三个组成部分，即科学知识、科学的研究过程和方法、了解科学技术对社会和个人产生的影响。《中国公民健康素养——基本知识与技能（试行）》包括了基本知识和理念、健康生活方式与行为、基本技能三个主要部分；经济与合作组织（OECD）将金融素养定义为“个人与金融事务相关的意识、知识、技能、态度和行为的总和”。那您能不能谈谈第一次见到或者听到“水素养”时，对“水素养”一词的第一印象或者对“水素养”的理解？

4. 2016年4月，科技部与中宣部联合颁布了《中国公民科学素质基准》，共有26条基准，132个基准点。简单来说“基准”即为基本标准。那么您认为中国公民水素养基准应该包含哪些方面，或者说该基准应该包括哪些内容？

5. 在日常生活中，您认为公民群众应该如何提高自身的水素养水平？

6. 您对我们课题组进行公民水素养基准制定研究有没有别的建议或者补充？

非常感谢您百忙之中可以腾出时间参与我们的访谈，祝您生活愉快。

附录2　公民水素养基准制定问卷调查

您好！感谢您在百忙之中填写此问卷。

本问卷调查是我校受水利部宣传教育中心委托课题研究的一部分。其中，基准点选项是在大量文献资料和访谈基础上通过扎根理论方法编码所形成的，敬请您逐条阅读并根据您对制定相应基准的赞同程度进行选择。如果“完全不同意”，请选择“1”，如果“完全同意”，请选择“5”。如果您觉得介于两者之间，请在“1”和“5”之间选择一个数字，数字越大表明您的赞同程度越高。本调查所有数据仅用于科学研究，且为匿名填写。

敬请您如实填写，谢谢合作！

华北水利水电大学公民水素养研究中心

第一部分　个人基本情况

1. 您的性别是　□男　□女

2. 您的年龄是

□6~17岁　□18~35岁　□36~45岁　□46~59岁

□60岁及以上

3. 您的学历是

□小学及以下　□初中　□高中（含中专、技工、职高、技校）

□本科（含大专）　□硕士及以上

4. 您的职业是

□学生　□务农人员　□企业人员　□国家公务、事业单位人员

□专业技术、科研人员　□自由职业者　□其他

5. 您所居住的地方属于　□城镇　□农村

6. 您的月均收入是

□0.3 万以下　□0.3 万~0.6 万　□0.61 万~1 万　□1.1 万~2 万

□2 万以上

第二部分　基准内容制定调查

基准点	完全不同意（1）	不太同意（2）	一般（3）	比较同意（4）	完全同意（5）
1. 了解地球上水的分布状况，知道地球总面积中陆地面积和海洋面积的百分比，了解地球上主要的海洋和江河湖泊相关知识。					
2. 了解人工湿地的作用和类型。					
3. 了解中国的水分布特点以及重要水系、雪山、冰川、湿地、河流和湖泊等。					
4. 知道水是生命之源、生态之基和生产之要，既要满足当代人的需求，又不损害后代人满足其需求的能力。					
5. 了解人类活动给水生态环境带来的负面影响，懂得应该合理开发荒山荒坡，合理利用草场、林场资源，防止过度放牧。					
6. 知道开发和利用水能是充分利用水资源、解决能源短缺的重要途径。					
7. 知道中水回用是水资源可持续利用的重要方式。					
8. 知道水是人类赖以生存和发展的基础性和战略性自然资源，解决人水矛盾主要是通过调整人类的行为来实现。					
9. 了解人工降雨相关知识。					
10. 知道在水循环过程中，水的时空分布不均造成洪涝、干旱等灾害。					

续表

基准点	完全不同意（1）	不太同意（2）	一般（3）	比较同意（4）	完全同意（5）
11. 知道地球上的水在太阳能和重力作用下，以蒸发、水汽输送、降水和径流等方式不断运动，形成水循环。					
12. 知道如何回收并利用雨水。					
13. 了解水环境检测、治理及保护措施。					
14. 了解水环境容量的相关知识，知道水体容纳废物和自净能力有限，知道人类污染物排放速度不能超过水体自净速度。					
15. 了解水污染的类型、污染源与污染物的种类，以及控制水污染的主要技术手段。					
16. 知道过量开采地下水会造成地面沉降、地下水位降低、沿海地区海水倒灌等现象。					
17. 知道水生态环境的内部要素是相互依存的，同时与经济社会等其他外部因素也是相互关联的。					
18. 知道污水必须经过适当处理达标后才能排入水体。					
19. 知道环保部门的官方举报电话：12369。					
20. 知道节水可以保护水资源、减少污水排放，有益于保护环境。					
21. 知道水是不可再生资源，水生态系统一旦被破坏很难恢复，恢复被破坏或退化的水生态系统成本高、难度大、周期长。					
22. 当洪灾、旱灾发生时知道如何应对以减少损失。					
23. 了解当地防洪、防旱基础设施概况以及当地雨洪特点。					
24. 了解国内外重大水污染事件及其影响。					

续表

基准点	完全不同意（1）	不太同意（2）	一般（3）	比较同意（4）	完全同意（5）
25. 知道饮用受污染的水会对人体造成危害，会导致消化疾病、传染病、皮肤病等，甚至导致死亡。					
26. 知道使用深层的存压水、高氟水会危害健康。					
27. 了解当地个人生活用水定额，尽量将自身生活用水控制在定额之内。					
28. 了解地表水和污水监测技术规范、治理情况。					
29. 知道河长制是保护水资源、防治水污染、改善水环境、修复水生态的河湖管理保护机制，是维护河湖健康、实现河湖功能永续利用的重要制度保障。					
30. 了解我国水利管理组织体系，知道各级人民政府在组成部门中设置了水行政主管部门，规范各种水事活动。					
31. 了解国家按照“谁污染，谁补偿”“谁保护，谁受益”的原则，建立了水环境生态补偿政策体系。					
32. 了解水价在水资源配置、水需求调节等方面的作用。					
33. 了解水权制度，知道水资源属于国家所有，单位和个人可以依法依规使用和处置，须由水行政主管部门颁发取水许可证并向国家缴纳水资源费（税）。					
34. 知道“阶梯水价”将水价分为两段或者多段，在每一分段内单位水价保持不变，但是单位水价会随着耗水量分段而增加。					

续表

基准点	完全不同意（1）	不太同意（2）	一般（3）	比较同意（4）	完全同意（5）
35. 了解工业节水的重要意义，知道工业生产节水的标准和相关措施。					
36. 了解合同节水及相关节水管理知识。					
37. 农业生产者要了解农业灌溉系统、农业节水技术相关知识。					
38. 知道节约用水要从自身做起、从点滴做起。					
39. 了解水的物理知识，如水的冰点与沸点、三态转化、颜色气味、硬度等。					
40. 了解水的化学知识，如水的化学成分和化学式等。					
41. 了解水人权概念，知道安全的清洁饮用水和卫生设施是一项基本人权，国家要在水资源分配和利用中优先考虑个人的使用需求。					
42. 掌握正确的饮水知识，不喝生水，最好喝温开水，成人每天需要喝水1500~2500毫升。					
43. 了解水对生命体的影响。					
44. 能看懂水质量报告。					
45. 能根据气味和颜色等物理特征初步识别有害水体。					
46. 能够根据水的流速和颜色等识别水体的危险性。					
47. 能够识别潜在的热水烫伤危险。					
48. 能够识别并远离生活中与水有关的潜在危险设施，如窨井盖、水护栏等。					
49. 能够识别与水有关的危险警示标志。					
50. 掌握游泳技能，达到能熟练运用至少一种泳姿的要求。					

续表

基准点	完全不同意（1）	不太同意（2）	一般（3）	比较同意（4）	完全同意（5）
51. 掌握洪涝、泥石流等灾害发生时的逃生技能。					
52. 掌握溺水自救方法。					
53. 掌握皮肤被热水烫伤后的应急处理办法。					
54. 掌握施救落水人员的正确处理方法。					
55. 会查看水表。					
56. 能够识别“国家节水标志”。					
57. 能够识别水效标识。					
58. 能看懂用水相关产品的标签和说明书。					
59. 关注公共场合用水的查漏塞流。					
60. 了解当地短时段内的冷热、干湿、晴雨等气候状态。					
61. 关注并学习和使用与水相关的新知识、新技术。					
62. 关注并通过图书、报刊和网络等途径检索、收集与水相关的知识和信息。					
63. 了解当地与水相关的风俗习惯和故事传说。					
64. 了解古代水利设施、净水技术、人水关系及古人对水的看法。					
65. 了解水车、水泵、蒸汽机的基本知识及其对经济社会发展的作用。					
66. 了解我国历史、现代重要水利专家及治水人物事迹。					
67. 了解我国历史上发生的严重洪灾、旱灾状况及对社会的影响。					
68. 了解我国当代重大水利水电工程和一些重要的水利风景区。					

续表

基准点	完全不同意（1）	不太同意（2）	一般（3）	比较同意（4）	完全同意（5）
69. 了解与水相关的诗词、成语、谚语，例如“上善若水”等。					
70. 知道世界水日、中国水周具体时间并积极参与世界水日、中国水周等举办的特定主题活动。					
71. 了解四大文明古国的缘起以及江河流域对文明传承的贡献。					
72. 知道当地河流或湖泊的责任河长，当发现有污染行为时应及时反映举报。					
73. 了解联合国制定的与水相关的战略和计划。					
74. 了解各级水行政部门颁布的涉水法律和规定。					
75. 农业生产者应了解过量使用农药、化肥等对湖泊、河流以及地下水的影响，掌握正确使用农药、合理使用化肥的基本知识与方法。					
76. 具有保护海洋的意识，知道合理开发利用海洋资源的重要意义。					
77. 知道水资源及其承载力是有限的，要具有危机意识和节水意识。					
78. 生产者在生产经营活动中，应树立生产节水意识，选用节水生产技术。					
79. 自觉地保护所在地的饮用水源地。					
80. 主动承担并履行节水、爱水、护水责任。					
81. 自觉遵守各级水行政部门颁布的涉水法律和规定。					
82. 不在公园水池、喷泉池等水池中戏水。					
83. 打雷、下大雨时，远离大树、墙根、河岸堤、危房、建筑物等危险地方。					

续表

基准点	完全不同意（1）	不太同意（2）	一般（3）	比较同意（4）	完全同意（5）
84. 提前关注天气预报，避免大雨、暴雨、海啸等极端天气带来的危害。					
85. 避免戏水时的危险动作并具有应急避险意识，时刻注意同伴位置，避免落单。					
86. 远离非正规戏水场地，下水前做足准备、热身活动。					
87. 远离水流湍急或水质浑浊的危险水域，不在未知水域及有禁止下水标志警示牌的水域戏水。					
88. 当发现水管爆裂、水龙头破坏等漏水现象时要及时向相关人员反映。					
89. 当发现他人有浪费水行为时应当及时上前制止。					
90. 当在公共场合发现水龙头未关紧、有滴漏现象时，应主动上前关闭。					
91. 当洗手使用香皂或洗手液时，要及时关闭水龙头。					
92. 尽量不要用水解冻食品。					
93. 能够一水多用和循环用水，如淘米水浇花、洗衣水拖地等。					
94. 清洗餐具、蔬菜时可用容器接水洗涤，而不是用大量水进行冲洗。					
95. 清洗油污过重餐具时可先用纸擦去油污，然后进行冲洗。					
96. 使用节水的生活器具，如新型节水马桶、节水龙头等。					
97. 使用热水时，对刚开始所放冷水进行回收利用。					

续表

基准点	完全不同意（1）	不太同意（2）	一般（3）	比较同意（4）	完全同意（5）
98. 刷牙时用牙杯接水后要关闭水龙头再刷。					
99. 洗脸时不要将水龙头始终打开，应该间断性放水，避免直流造成浪费。					
100. 洗衣服时投放适量洗衣粉（液），尽量使用无磷洗涤用品。					
101. 洗澡时尽量使用节水花洒淋浴，搓洗香皂或沐浴液时要及时关闭淋浴头。					
102. 不往水体中丢弃、倾倒废弃物。					
103. 主动保护海洋环境，如不往水体中丢弃、倾倒废弃物，主动捡起垃圾、制止污染行为等。					
104. 及时制止他人往水体中乱丢垃圾的行为。					
105. 能够初步识别他人或组织的涉水违法行为，并对其进行举报。					
106. 主动制止、举报个人或组织的水污染行为。					
107. 积极参观游览与水相关名胜古迹、水利博物馆、水情教育基地。					
108. 积极参加节水相关活动，如节水知识竞赛、节水创意作品征集活动。					
109. 积极参加植树造林活动。					
110. 参与节水、爱水、护水的宣传教育活动。					

您对该研究有什么建议？（选答）

____